情绪稳定
是成年人的高级修养

许政芳——著

苏州新闻出版集团
古吴轩出版社

图书在版编目（CIP）数据

情绪稳定是成年人的高级修养 / 许政芳著. -- 苏州 ：古吴轩出版社, 2025. 4. -- ISBN 978-7-5546-2571-2

Ⅰ. B842.6-49

中国国家版本馆CIP数据核字第20256E0E47号

责任编辑：顾　熙
见习编辑：张　君
策　　划：仇　双
装帧设计：尧丽设计

书　　名：情绪稳定是成年人的高级修养
著　　者：许政芳
出版发行：苏州新闻出版集团
　　　　　古吴轩出版社
　　　　　地址：苏州市八达街118号苏州新闻大厦30F
　　　　　电话：0512-65233679　　　邮编：215123
出 版 人：王乐飞
印　　刷：水印书香（唐山）印刷有限公司
开　　本：670mm×950mm　　1/16
印　　张：11
字　　数：105千字
版　　次：2025年4月第1版
印　　次：2025年4月第1次印刷
书　　号：ISBN 978-7-5546-2571-2
定　　价：49.80元

如有印装质量问题，请与印刷厂联系。022-69396051

前言

　　情绪稳定，不仅是一种能力，还是一种修养。

　　作为成年人，我们常常会在心烦气躁的时候假装心平气和，会在萎靡不振的时候强打精神，也会在伤心难过的时候努力让嘴角上扬……我们拼命想摆脱或者压制那些糟糕的情绪，努力让自己成为看起来有修养的人，但效果往往并不尽如人意。

　　情绪分为两种：正面的、积极的情绪使人身心健康，让人努力上进，给人以向上的动力；负面的、消极的情绪则会让人感到不适，影响工作和生活，甚至把并不复杂的事情弄得一团糟。但无论哪一种，也无论我们喜欢与否，它们都会伴随我们的一生。所以，我们要和各种情绪和谐相处。

　　要想拥有稳定的情绪，我们需要从情绪本身着手，了解情绪、认识情绪、调节情绪、释放情绪，进而掌控情绪，成为拥有稳定情绪的人。

本书讲解了有关情绪的理论知识，内容深入浅出、通俗易懂，旨在帮助读者认清情绪的本质，学会掌握情绪，成为情绪的主人，从而激发自己的潜力，成为幸福快乐、积极向上的人。

　　愿本书能够成为您医治不良情绪的一剂良方，使您拥有情绪稳定这一高级的修养。

目录

第一章

当我们情绪不良时意味着什么

第二章

做情绪的骑手而非坐骑

第三章

出人意料的解决方案

第四章

坏情绪也有高品质

第五章

修炼情绪，让人生渐次丰盈

"人非草木，孰能无情？"

我们既然逃不开得、失、荣、辱、生、死之情境，

自然就免不掉喜、怒、哀、乐、忧、思之情绪。

当我们被情绪左右而不能自已时，

其实我们忽略了每一种情绪背后都藏着深层次的原因。

第一章

当我们情绪不良时
意味着什么

情绪是什么

　　说到情绪，我们都希望自己能够成为一个遇事波澜不惊、内心平和的人。就像《菜根谭》里写的那样："宠辱不惊，闲看庭前花开花落；去留无意，漫随天外云卷云舒。"因为能够控制好自己情绪的人，才是内心真正强大的人，也才能让自己的人生少一些烦恼，多一些惬意。

　　情绪究竟是什么呢？很多专家从生理学角度、心理学角度及社会学角度对其进行阐述。有的说它是许多感觉的聚合，有的说它是对过往苦乐联想的再生，也有的说它是一般机体的骚扰或多量机体变化的反应。这些观点各异，难以尽述。鉴于从学术角度解读情绪很枯燥，我们不妨回归生活——

　　见到久违的朋友、听到好听的音乐、通过一项考试、被领导夸奖一番等，这些都会使我们感到幸福、愉悦；而被恋人抛弃、有亲人离世、工作被否定、孩子考试不及格等，则会使我们感到悲伤、沮丧。

这些发生在我们身上的感觉和反应就是情绪。它如此常见，以至于有些时候我们感觉不到它的存在。但无论我们能否感知到它，它都如影随形，哪怕是稍纵即逝的情绪，也会存在于我们生活的各个角落，有时使我们陷入恐惧，有时又让我们充满希望。

对于正面情绪，我们自然希望它随叫随到，且越多越好。然而，那些让我们不舒服、令我们头昏脑涨的负面情绪，则更需要我们努力地去了解，并尽可能地驾驭它，甚至摆脱它，否则负面情绪不仅会影响我们的心情，还会对我们的身体健康产生不良影响。

在探讨情绪对健康的影响时，有一个广为流传的故事。在某医院，有两个患了同样疾病的病人住院治疗。其中，甲的症状较轻，乙的症状较重。经过一段时间的治疗，甲基本痊愈，可以出院，而乙的病情却无好转的迹象，继续住院也不过是浪费时间和钱财。因此，医生建议他们二人都出院，甲只要保持健康的生活习惯就好，而对乙的病情已经无能为力，建议他随心而活，不留遗憾就好。

但新来的医生由于疏忽将甲、乙二人的病情搞混了，在两人出院时的医嘱上给甲写的是"病情恶化"，而给乙写的是"病愈"。可想而知，甲的心情一下子紧张了起来，感觉在自己住院期间，医生和家人一定隐瞒了自己的病情，故意做出轻松的样子。甲回到家之后整日忧心忡忡，没多久就再次住院了。而乙看到自己已经痊愈，心情大好，每天都感觉生活充满希望，第二次复查时病情竟然好转了很多。

情绪是健康的晴雨表

　　之所以会出现这样的结果，完全是因为甲、乙二人的情绪不同。尽管情绪不是治疗疾病的良药，但不得不承认，情绪的确对我们的身体健康有着巨大的影响。因此说，情绪是健康的晴雨表，也是生命的指挥棒。

　　同一个人面对不同的境遇会产生不同的情绪，并对自己的生活产生不同的影响。对于这一点，我们并不难理解。但是，不同的人即使面对同样的境遇也会产生不同的情绪，这又是为什么呢？

　　事实上，我们每个人都生活在自己建造的世界中，这个世界由我们的经历、信念、价值观以及过往情感共同编织而成。这些内在的因素影响着我们对外部世界的感知和理解。不可否认的是，一个人对世界有怎样的理解和认识，将在很大程度上影响其看到的世界是怎样的。

　　比如，同样是丢了一根棒棒糖，对于一个三岁的孩子来说，就是天大的事情，他可能会因此大哭半个小时；但对于一个成年人来说，就是无所谓的事情。也就是说，由于认知不同，人们在面对相同境遇时的情绪反应也会不同。这样一来，我们也就可以理解，当两个人面临同样的任务时，有的人欣然接受，努力完成，而有的人却牢骚满腹，抱怨连连。

　　可见，一个人的情绪和认知是密切相关的。一个人的经历越少、认知越浅，那么他对外界的刺激就会越敏感，也就越容易产生情绪波动，表现出来的就是过于强烈的喜、怒、哀、乐等。相反，一个人的经历越多、认知越深，那么他对外界的刺激就越不容易产生情绪波动，表现出来的就是心平气和、波澜不惊。

如果我们能够不断地从自己的情绪中了解自己的认知，并随着自己经历的丰富不断提高认知，那么我们控制情绪的能力就会不断地增强，我们在工作和生活中也就更容易掌控事态的走向。

愤怒，是刺猬的刺

当提到情绪失控时，也许我们首先想到的就是愤怒，因为愤怒会让人失去理智，从而做出错误的行为，产生我们不愿意面对或者无法承受的后果。正如这句话所说："每个人都会愤怒，这很容易。但要在适当的时候，为了适当的目的，以适当的方式和程度，对适当的人愤怒，却不是每个人都能做到的，也绝非易事。"

是的，愤怒是一种不良情绪，具有巨大的破坏力，不恰当地发泄愤怒常常使事情变得不可控。我们尽管很清楚愤怒带来的不良后果，但仍然会忍不住怒火中烧，这是为什么呢？

其实，人会产生愤怒的情绪，通常是出于自我保护的潜意识。就像刺猬的身上长满尖刺，也是出于生存的需要一样，即为了避免自己受到侵害。从心理学的角度看，愤怒是一种自我保护的表达。当我们感受到伤害或者遭遇不公正的待遇时，我们常常试图以愤怒的情绪来保护自己的权利。

1809年，拿破仑匆忙从西班牙战场赶回巴黎，原因是他的外交大臣塔列朗密谋造反。拿破仑怒火中烧，抵达巴黎后立即召集群臣开会。

刚开始，拿破仑还尽量保持理智，只是含沙射影地指出塔列朗的阴谋，但塔列朗丝毫没有在意，而是一脸平静地看着他。此时的拿破仑忍不住愤怒地吼道："有些人想让我死掉，永远也不能回来！"

但塔列朗依然冷静如初，就算拿破仑怒不可遏地对着塔列朗大骂："你这个忘恩负义的家伙，如果没有我，你就是一条穿着丝袜的狗！你竟然要谋反！"塔列朗仍旧一副泰然自若的样子。

拿破仑说完后愤然离场，留下面面相觑的大臣们，他们从来没想到战无不胜的战神竟然会如此失态。而塔列朗慢慢地站起来对大家说："各位绅士，我感到非常遗憾，我们伟大的皇帝竟然如此没有礼貌。"

此后，拿破仑的愤怒和塔列朗的镇定迅速地在人们中间传播开来。拿破仑的威望严重受损，军事上也开始渐渐失利，因此拿破仑的这次发怒也被很多人称为"拿破仑滑铁卢的起点"。

拿破仑当然不是蠢人，否则也不可能有那么多至今都让人津津乐道的成功战例。然而，不得不说的是，他这一次在控制自己的情绪方面做得的确不够聪明，他被自己的怒火绑架，最终走向失败。

拿破仑会如此愤怒，也是出于一种自我保护，他一直信赖的大臣准备谋反，这对于拿破仑来说无疑是令他失望且极度危险的事情。就好比我们被突然刺痛或被污蔑时，最直接的反应就是拿起"愤怒"，当作武器，试图以此消除不利因素。因此，我们愤怒时，会感到血脉偾张，兴奋的大脑会把力量传递给肌肉，使我们脸颊通红、怒目圆睁、牙关紧咬、双拳紧握，仿佛下一秒就要采取防御行为，进入战斗一样。

了解了这一点，当我们下次感受到自己的愤怒情绪时，我们不妨先对自己说："放松一下，也许没有那么危险。"当我们放下防御的心理时，我们身上"竖起的刺"自然会变得柔软，问题也许会有不一样的解决方法。

悲伤的"手心"向上也向下

如果有一天，当你正伤心地哭泣时，有人对你说"哭什么，这一切都是你自找的"，你一定会立刻想同他理论吧？这话虽然难听，但有根据。毕业于剑桥大学，曾任教于英国亨利商学院的罗伯特·戴博德博士，是一位具有丰富经验的心理学研究者，他在著作中提出：人们感受到的痛苦和折磨都是自我选择的结果。

这一理论常常不能为人们所接受，毕竟我们更愿意把生活中的种种不如意都归结到外部原因上。那些来自社会的不公正、他人的不负责任，以及童年时期的不良成长环境等都是我们常常提及的外部原因。实际上，外部原因只是令人产生悲伤情绪的导火索，更重要的是我们内部的原因———一方面，我们想要从某些特定人群那里得到同情和帮助，此时的我们仿佛正在手心向上，想要祈求得到什么；另一方面，悲伤情绪具有"提示丧失"的作用，因此当感到悲伤时，我们仿佛手心向下，想要努力抓住那些对我们来说重要的、正在迅速丧失的事物。

但无论是哪一种情况引发的，悲伤都不可耻，它是我们内心需求的表达，是正常的情绪反应。

伤春悲秋，烦恼多

在现实生活中，悲伤的情绪随处可见：当我们熬了一个通宵完成的工作被经理的一句话否定时，当至亲至爱离开或者背叛我们时，当期待已久的惊喜化为泡影时，当我们不断地跌倒、爬起、又跌倒时……悲伤总会与我们不期而遇。

所有的悲伤情绪都有迹可循，归根结底，还是与我们的思维模式有关，这种思维模式被称为"巴甫洛夫的狗"。

著名的生理学家巴甫洛夫做过一个有趣的实验：他每次给狗喂食前都先摇铃，一段时间之后，他发现只要狗听到铃声，即使没有给狗提供食物，狗依然会分泌唾液。

最初，这个实验是用来研究狗的消化问题的，但随着实验的进展，巴甫洛夫发现了条件反射现象：经过一段时间的训练，狗的大脑中已经建立了一个新的反射通道，即只要这样，就会那样。于是，心理学家常常用"巴甫洛夫的狗"来形容一个人不经大脑思考就做出反应的现象。同样，对于我们来说，如果经过长时间的刺激或者反复地将某种情绪与某些刺激建立联系之后，我们也会在受到类似刺激时不加思考就做出某种反应。

比如，一个人小的时候如果常常被家长责怪、打骂、冷落而陷入无助和悲伤的情绪中，那他长大以后，即便已经成年，无论是在工作还是在生活中，只要接收到来自他人的负面评价，他就同样会产生无助、悲伤的情绪。这是因为他的大脑已经形成了一种自动反应机制。

我们要做的是，及时从悲伤中抽离出来，并积极地建立新的反射通道。只有这样，我们才可能获得解脱，逐渐走向更加阳光的生活。相反，如果我们任由自己不断地陷入条件反射的情绪中，就会一味地沉浸于过去的不幸中，失去继续成长和进步的机会，生活也会陷入无尽的阴郁之中。

怎么就越来越尿了

我们有时会发现自己身上或者周围的朋友身上常常有以下这些事情不断地发生：

一个人下班后总是主动加班，其实可能是不想面对家里的一地鸡毛；

一个人总是特别本分，从不张扬，其实可能是害怕暴露自己的弱点；

一个人对其他任何人都选择包容，其实可能是因为不敢面对冲突；

一个人面对身边的人总是冷若冰霜、爱答不理，其实可能是因为害怕被人拒绝而不敢与人交往……

　　从中我们不难看出，在这些表象的背后其实隐藏的是恐惧情绪，是一个人内在的胆怯和不敢面对，是我们不愿意承认的"尿"。

忐忑不安

　　恐惧情绪是人类在面对潜在威胁时的一种自然反应，而逃避行为则是这种情绪的一种表现形式。当感到恐惧时，人们往往会选择逃避，以避免面对潜在威胁可能带来的负面后果。

　　同时，我们必须意识到，逃避作为一种心理防御机制，尽管可以使我们在一定程度上避免尴尬和伤害，但不能真正地解决问题，所以并不值得推崇。

晚唐诗人司空图便是这样一个逃避现实的人。

司空图出身官僚家庭，少年时就文采出众。如果生在盛唐时期，虽不敢说他一定能平步青云，但他的抱负一定能够有所施展。可惜的是，他生在了晚唐，大唐盛世已经不在，国家正处于风雨飘摇之中。后来，黄巢起义爆发，国家一片混乱。然而，在很多人或誓死保卫大唐，或坚决建立新政之时，司空图却没有勇气面对现实，反而采取消极避世的态度，返回自己的家乡。

回到家乡后的司空图完全把自己变成一只鸵鸟，将自己的才华和抱负统统放下。他既不同邻里往来，也不与政府官员联络。有几次，朝廷想让司空图回朝做官，为岌岌可危的国家效力，他却称病，坚辞不受。

但他的逃避始终无济于事。公元907年，大唐灭亡，他饱经战乱，后悔自己未能全力以赴为国而战，最终抱憾绝食而死。

当然，即使司空图奋起为国，也未必能力挽狂澜。但是，对于个人来讲，逃避终究解决不了问题，而且逃避还会使自己的人生留下无法弥补的遗憾。

小林已经在公司工作了三年，工作上兢兢业业，几乎没有出过纰漏。经理觉得小林工作做得不错，人也谦逊、不张扬，打算提拔他。因此，经理特意安排小林到另一个部门熟悉业务。然而不知情的小林害怕面对工作变化，于是一直恳请经理不要让自己调整部门，说自己没有在那个部门工作的能力。尽管经理说过一段时间就让他回来，但是小林一想到需要重新建立人际关系、重新熟悉工作流程就感觉胆怯，始终都在请求经理将他留在原来的工作岗位上。经理见此，只好放弃提拔小林的想法。

经理也许会在心里庆幸：幸亏自己没有贸然提拔小林到更加重要的岗位。小林的做法就是十分典型的因恐惧而做出的逃避表现。

事实上，恐惧情绪十分狡猾，并非都会以我们容易识别的方式出现，很多时候它们会以另外一种我们意想不到的形式出现。比如，很多孩子一到考试就会生病，出现肚子疼、发烧等症状，这不是伪装的，但考试过后身体又迅速地康复。其背后真实的原因就是害怕面对考试，或者害怕面对可能的失败，这也是出于人的自我保护和防御的本能。它最明显的作用就是保护我们不直接面对痛苦，其背后是我们对安全感的需求。

我们在意识到自己在处理某些事情上出现了恐惧情绪时该如何处理？大量案例追踪发现，要想在短时间内克服恐惧情绪，不再逃避，并非易事，但好在当一个人能够很清楚地意识到"我曾经是以这样的方式逃避的"，并能够坦诚地面对自己的逃避表现时，问题就已经处于"解决中"的状态了。

有了思想上的认识之后，接下来就要采取积极的行动：逐步面对恐惧的源头。我们可以从最小的、最不具威胁性的恐惧开始，逐步增加难度，直到我们能够从容应对那些曾经让我们感到极度不安的情境。例如，如果一个人害怕在公众场合发言，他可以先从与朋友谈论一个轻松的话题开始，然后逐渐过渡到在小团体中发言，最终在更大的场合中表达自己的观点。

克服恐惧是一个渐进的过程，可能会有挫折和反复。在此过程中，我们需要对自己保持耐心，理解每个人都有自己的节奏和时机。同时，对自己保持同情心，认识到恐惧是人类共有的情感，无需感到羞愧。通过这些方法，我们可以逐步摆脱恐惧的束缚，迈向更加自信和自由的生活。

焦虑不是病，焦虑起来也要命

随着社会和科技的快速发展，人们的竞争压力、财富标准、价值观念都在发生剧烈而快速的变化，这使得人们的焦虑感与日俱增。2017年，国家卫计委公布的数据显示，中国焦虑障碍患病率为4.98%，相比二三十年前高出了不少。2018年，《中国城镇居民心理健康白皮书》中也显示，73.6%的中国城镇人处于心理亚健康状态。尽管大多数人的焦虑还没有达到疾病的程度，但因焦虑而引发的心理问题占了很大比例，并对生活产生了巨大的影响。

毕业于某高校的硕士生小贾，正像许多有志青年一样，带着梦想和干劲独自来到北京，在一家外企工作，薪酬也还算可观。

每当他与高中同学或大学同学聚会时，同学们总是会向他投来羡慕的目光。的确，在外人看来，他有一份十分不错的工作。但在小贾自己看来，事实却并非如此，他对自己这份工作的感受是："我的工资虽然看起来不错，但除去租房费用以及基本的开销外，其实根本就剩不了多少钱。有时候，我和女朋友约会，会感到经济上有些拮据，特别尴尬。"

除此之外，对于自己的工作前景，小贾也一样感到焦虑。他不知道自己将来能够发展到哪一步，也无法预测自己将来的生活会怎样。比如，他从上高中时就想努力学习，将来自己赚钱买乐高玩具，甚至想收集各个款式的乐高玩具。但同时，他也清楚地知道，就目前自己手里剩下的这点儿工资，别说买属于自己的房子来收纳那么多乐高玩具，哪怕是购买乐高玩具都是一笔不小的开支。

好在小贾并没有因此垂头丧气，而是选择更加积极地努力工作，但他越努力，心里就越焦虑，因为他发现，即便自己很努力地工作了，但生活仍然没有太大改善，仿佛今天的努力换来的只是明天更加努力。

在现代人的生活中，这是十分普遍的现象。这究竟是怎么回事呢？其实，焦虑情绪的来源是对未来的不确定性的恐惧。比如小贾，他年轻、有干劲，似乎有很多的机会，实际上却由于个人能力的不足或者经验的匮乏，导致他并没有掌控生活的能力，他的明天仍然是个未知数。再比如那些在职场上摸爬滚打多年的人，他们已经有了相当丰富的工作经验，练就了一身本领，但这个年龄段的人大多上有老、下有小，生活压力异常大，因此在努力之后依然充满焦虑，他们担心一旦失去工作、健康等，生活就会陷入难以应对的糟糕状态。

在心理学实践中，常见的焦虑来源是人际关系、工作、学业、经济、健康等。我们常常会担心在未来的某一天可能出现某个最坏的结果，并被困在焦虑的情绪中无法自拔。而恰恰是因为我们担心的事情都是未发生的、不确定的，或者说是我们没有办法掌控的，才使得我们很难缓解自己的焦虑情绪。

值得注意的是，焦虑虽然看起来没有喜、怒、哀、乐那样强烈，但对我们生活的影响是巨大的。因为焦虑情绪往往无法在短时间内被轻易缓解，它是长期的，也是隐蔽的。很多时候，我们一直关注事情本身，却忽视了自身正在遭受焦虑情绪的侵扰。久而久之，焦虑情绪得不到缓解，就会发展成广泛性焦虑，即对所有的事情都会感到焦虑。

2020年，国家卫健委公布的数据显示，我国大约有5%的人正在受到焦虑心理障碍的困扰。他们最大的特点就是对某些问题的过度关心和担忧，甚至因此引发了肌肉紧张、睡眠障碍等身体机能的变化。

因此，摆脱焦虑情绪尤为重要。

　　既然焦虑情绪的产生源于我们对未来的或者周遭事物失控的恐惧，那么首先要反思的就是，我们对这些事物究竟有多大的控制能力。当坦诚地面对自己的这一想法后，我们就会发现，生活中的的确确有很多事情并不总是为我们所控制，即便我们再努力也未必能够实现自己的目标。当然，承认这一点，并不意味着我们就此可以消极地应对或者干脆自暴自弃，而是要掌握好"尽人事"与"听天命"之间的平衡，也就是要学着坦然地接受接下来发生的一切。

　　失控并没有我们想象中那么可怕，有些时候，当我们敢于面对某些事物的失控，而不是想要对其施加更多的控制时，焦虑的情绪反而会得到缓解，我们也更能够心平气和地做好自己。

嫉妒是面照妖镜

十八世纪的法国思想家卢梭说："我们之所以产生嫉妒的心理，是由于社会的欲望，而不是由于原始的本能。"

可见，嫉妒并非人类的本能，而是由后天的思想意识引发的。后天的思想意识的形成往往离不开人与人之间在各个方面的比较，如财富、地位、成就和外貌等。研究表明，社会比较是嫉妒产生的重要原因之一。再加上当今社交媒体的发达，人类作为群居动物，这种比较现象变得更加普遍。自己很难得到的东西，他人却能够轻而易举地得到，不平衡的心理就会使人产生嫉妒心理。

从前，有个做皮帽生意的人，他的生意一直不太顺利，甚至经营多年都没能买上一头毛驴。但是，隔壁豆腐店的生意却很好，并且豆腐店的老板买了一头毛驴。

　　每次到了赶集的日子，豆腐店的老板都会骑着小毛驴进城。皮帽店的老板只能眼睁睁地看着，心里愤愤不平地想：我和他一样努力做生意，凭什么他有一头毛驴，而我没有，简直太不公平了！

　　这天，又是赶集的日子，皮帽店的老板坐在店门口，看见隔壁豆腐店的老板骑着毛驴去赶集，心里生出愤懑之情。这时，一位身穿一袭白衣的老人向他走来。老人对他说："我是上天派来人间的神仙，我知道，每个人都有未实现的愿望，如果你愿意把自己的愿望告诉我，我就立刻帮你实现。"

　　皮帽店的老板万分激动，对老神仙说："真的吗？苍天有眼啊，我终于不用过那种日夜煎熬的日子了！"老神仙笑着说："说说你的愿望吧，我马上帮你实现！"

　　皮帽店的老板看着渐渐远去的豆腐店老板骑着毛驴的身影，微微一笑，说："你看见那个骑驴的人了吗？求求你，杀了他的驴！让他从今往后都没有驴骑！"他的话音刚落，只见老神仙用手一指，邻居家的毛驴立刻倒在地上，四腿一蹬，死了。

　　看着豆腐店老板惊慌的样子，皮帽店的老板感觉痛快极了，幸灾乐祸地说："看你以后还骑什么赶集？真是活该，我没有驴，你也别想有！"这时，他突然想：我应该再向老神仙要一头毛驴，这样就是我有而他没有了。但是，当他想再求老神仙时，老神仙早已飘然而去。

　　想来，皮帽店的老板有些后悔：邻居家的毛驴死了，自己又

能得到什么呢？自己还是那个没有驴骑的人，哪里比得上自己和
邻居都拥有驴呢？

　　嫉妒让人变得面目全非，让人对无辜的他人怀有一种冷漠、
贬低、排斥、敌视的心理，甚至产生仇恨心理，就像故事里皮帽
店的老板一样。

　　那么，人为什么会产生嫉妒情绪呢？最根本的原因是我们在
生活的镜子里看到了一个自己无法接受的形象。

镜子里的自己

最常见的就是自我比较。我们常常会不自觉地将自己的生活与周围人的生活进行比较，如财富、外貌、技能、地位，以及是否受人尊重等。当发现自己比不过他人时，我们就会出现心理失衡，从而产生嫉妒情绪。

除此之外，如果我们在评估自己的价值时采用了社会比较法，这也会成为产生嫉妒情绪的诱因。因为在这种评估方法中，我们总是能够发现比自己优秀的、成功的、幸福的人，从而很难找到自己的价值，并因此产生嫉妒情绪。

如果我们将目光放得长远一些，胸怀放得开阔一些，就会发现我们在日常生活中对他人的嫉妒之心，就像我们主观认识世界的棱镜一样，是带着浓重的个人情绪的。可见，嫉妒的产生其实是一个自我认知的问题。

当我们能够学会接受自己的不足和局限性，同时客观地认识自己的价值时，嫉妒情绪也将不复存在。

发牢骚、抱怨，只会给自己添堵

　　人生在世，不如意者十之八九。你不顺心时，第一时间的反应是什么？是认真地总结经验教训并做出调整，还是逢人便说自己时运不济、遇人不淑？选择前者，自然令人敬佩，但选择后者的也大有人在。发牢骚和抱怨是人们宣泄自己情绪的重要的途径，仿佛问题的责任永远在他人身上，而自己永远都是受害者。

　　当然，实事求是地讲，生而为人，我们自然会有人性的弱点，即使我们修为再高，也难免有发牢骚和抱怨的时候。就像曾经写下"至人无己，神人无功，圣人无名"的思想家庄子，尽管以潇洒、旷达闻名于世，却也有过一段很有意思的经历。

　　彼时，庄子家里贫穷，于是跟监河侯借米。监河侯说："可以，我马上要收到租金了，收到以后借给你三百钱，可好？"

庄子听后脸色大变，对监河侯说："我昨天来时，在路上发现干涸的车辙中有一条鲋鱼。鲋鱼问我：'我原本是东海海神的臣子，你能否给我一升半斗的水让我活命？'

"于是，我回答鲋鱼说：'好啊，我去南方游说吴、越的国王，引西江水接济你，可好？'

"鲋鱼很生气，说：'如果没有水，我就活不下去了，你只要给我一升半斗的水，我就可以活命，你却说去游说吴、越国王，与其那样，你还不如早点到卖干鱼的店里找我！'"

可见，思想和心境都无比逍遥的庄子也会发牢骚和抱怨。而我们都不过是人世间普普通通的一员，当不断面临工作考核、恋爱关系、生活负担等问题时，也许一度努力过，然而辗转难眠，"一个人静静"了很久，却仍然不知如何面对。此时，一句牢骚并不代表什么，相反还能缓解一下我们焦躁的情绪或者愤懑的心情。

其实，发牢骚和抱怨真正的可怕之处在于，它就像思维模式一样，很容易成为一种习惯。你越是爱发牢骚，就会越倾向于用发牢骚来缓解自己的情绪。慢慢地，你会发现只要遇到麻烦，就有一种惯性推着你向发牢骚靠近。久而久之，一个现代版的"祥林嫂"就诞生了。

那么，牢骚和抱怨是怎么产生的呢？从根本上说，这两种情绪是人际交往，或者说是人际互动的产物。比如庄子，当他一个人时，写出的是"水击三千里，抟扶摇而上者九万里"的逍遥自在，而在向监河侯借粮时却会忿然作色。

我们也一样，独自一人时，即使因无法入眠而看很多次手机，但只要不想其他的人和事，就不会心生抱怨。然而，一旦脑海里浮现了"明天要把文案交给领导""今天上班时老李又把他的活压给自己""再过几天孩子的兴趣班又要交钱"等，紧跟而来的就是"太累了""他凭什么不干活""什么时候是个头啊"这些抱怨的声音。

人们在抱怨时常常并无恶念，只是单纯地想一吐为快。确实，我们的生活并非永远一帆风顺的，总会有大大小小的麻烦在某个角落窥探着我们，伺机偷袭我们，使我们的人生之路充满颠簸和泥泞。发发牢骚，实属正常。但是，牢骚太多则会带来更多的伤害，不仅伤及自身，还会影响人际关系。

当我们沉溺于发牢骚、抱怨时，实际上是在不断强化那些负面情绪，而不是积极寻找解决问题的方法。长此以往，我们可能会变得越来越消极，看不见生活的美好，对生活失去信心和动力。

此外，当我们频繁地向他人倾诉不满时，可能会让周围的人感到厌烦。这样，我们不仅没有得到预期的安慰和支持，反而可能陷入更加孤立无援的境地。

我们要学会控制自己的牢骚和抱怨，将注意力转移到解决问题上，而不是仅仅停留在问题本身。我们还要培养感恩的心态，多关注生活中的积极方面，而不是只盯着那些令人不满的事情。

最终，我们会发现，积极面对问题、寻找解决方案，比只会抱怨更能带来内心的平静和满足感。

拿捏情绪可没那么容易

我们常说人类是这个世界上最厉害的生物，我们可以做开胸、开颅手术，可以制造计算能力超强的电脑，能够进入太空，能够观测宇宙星空……但是，我们却无法得心应手地控制自己，我们会在不想生气的时候生气、不想流泪的时候流泪，在想掩饰的时候欲盖弥彰、想低调的时候得意忘形。由此说来，人类成就的极限或许不在广阔的太空，而在我们自己的内心。

肖桦获得某名牌大学的硕士学位后，顺利进入一家著名的企业工作。经过几个月的实习，他即将成为一名正式的工程师。然而，肖桦有个问题，就是他常常不能控制自己的情绪。尽管他自己很清楚，有些时候没有必要过于计较，但他常常会因控制不住情绪而与同事闹得不欢而散。

　　有一次，肖桦所在的部门因为出色地完成了一个大项目，领导决定在下班后一起庆祝一下。原本很高兴的事情，没想到却让肖桦丢了工作。

　　当天吃完饭后，大家决定去KTV唱歌。点歌的时候，与肖桦一同进入单位的李茗只顾着点播自己喜欢的歌曲，而且成了整场的"麦霸"，其他人虽然对此也多有不满，但碍于情面没有说出来。肖桦见状，有点儿气不过，于是努力控制自己的情绪，好言地劝说道："李茗，你唱得差不多了，让其他人也唱几首吧！"没想到，李茗却说："唱呀，谁不让你们唱了？"

　　肖桦顿时火冒三丈，大声说道："你一个人拿着话筒不放，别人还怎么唱？你懂不懂礼貌？"

　　"你懂礼貌！你是好孩子！你最乖！"

　　就这样，两人越吵越凶，肖桦一气之下对李茗大打出手，李茗的胳膊被打骨折，肖桦的身上也有好几处伤口。最终，两个人都被公司开除了。

　　后来，肖桦进行了反思：为什么我会做出过激的行为？为什么我总是无法控制自己的情绪？

　　这的确是问题的关键所在：为什么我们明知道某些行为或者言语并不可取，明知道有些事情可以通过更好的方式解决，却常常采取了最不可理喻的一种方式？比如：管理者带着愤怒去刺激员工；妻子在丈夫做饭时责骂他做得不好，或者丈夫带着情绪故意忽视妻子；父母总是忍不住对孩子发火……

提心吊胆

研究发现，情绪失控并非人的本意，而是大脑的运转机制出了问题。有学者将大脑分为三个部分：思考脑、情绪脑、本能脑。情绪脑负责控制情绪和情感，而其中的海马体和杏仁核是至关重要的两个部分。海马体的作用是记录一件事情本身，杏仁核则负责记录带有情绪色彩的事实。比如，当我们看见一只猫时，海马体告诉我们"这是一只猫"，而杏仁核则提醒我们"猫曾经抓伤过我"。同时，杏仁核还具有反应指令的功能，使我们在清楚地认识事物之前就采取行动，这就是情绪失控。当然，这一特征十分符合生物进化的原理，它可以确保动物对那些具有危险性的事物保有足够鲜明的记忆和警觉。

所以，从这个角度来说，有些人的情绪失控就像动物的自我保护本能一样。既然是本能，那么想完美地控制就不容易了。

比如，辅导孩子写作业时，我们的思考脑更加注重长期利益，会引导我们这样想："孩子贪玩是天性，我们需要慢慢引导孩子，愤怒只会导致两败俱伤。"而本能脑和情绪脑则倾向于追求即时的满足感，享受"孩子优秀"带来的愉悦，并试图抵抗"孩子不听话"带来的恼怒。本能脑和情绪脑常常以自身愉悦为要务，并会选择那些能够立即满足我们的情绪需求的反应。同时，相较于本能脑和情绪脑的简单直接，思考脑则需要进行更加深入和复杂的思考和决策过程。因此，要想做出明智和合理的决策，需要更多的时间和精力。这也是我们在紧急、高压的情境下会做出一些不理智的反应的原因，这是人的天性使然，要想突破十分不易。

当然，人类表达情绪还有更高级的通道，即先通过思考脑思考，再做出相应的反应，以便于更好地应对复杂的问题，并做出更加明智的决策。但不可否认的是，思考脑虽然是人类大脑中较为复杂和先进的部分之一，但在面对压力、诱惑、恐惧等挑战时，我们却常常难以很好地启用思考脑来对抗本能脑和情绪脑的影响。

但一些成功者也给出了让思考脑多参与情绪控制的经验，即通过训练和自我控制以从中取得平衡，如培养自律的习惯、坚持追求目标、不断地学习成长等。同时，成功者也认识到并承认人的天性具有局限性，因此会运用各种方法来弥补，如寻求外部的支持和反馈，思考问题的多个方面，等等。

我们知道，以理智对抗本能绝不是一件简单的事，但只要保持积极的态度，不断挑战并寻求进步，那思考脑在情绪控制中出场的机会就会越来越多，这样我们的大脑也就越来越能控制好我们的情绪。

你有没有发现，那些特别优秀的人，

无论发生什么事情，

总是能够处变不惊、沉着冷静，

轻易不会被情绪左右；

而那些容易被情绪左右的人，

则常常事事不顺，总是会轻易地被别人引导和影响？

因此，我们要学会控制自己的情绪，

那样才能成为优秀的人。

第二章
做情绪的骑手
而非坐骑

认同自我感受，实现情绪自由

如果有人问你："你希望更好地调节自己的情绪吗？"相信你的答案一定是肯定的。诚然，我们都想降低焦虑和紧张的基线水平，希望自己不会因为鸡毛蒜皮的事而暴跳如雷，希望自己能从悲伤中早点儿走出来……

痛苦的情绪让人难以忍受，想调节或者控制坏情绪也是人之常情，然而，现实的情况是那些试图摆脱情绪控制的人往往未能如愿以偿，甚至还产生了新的问题。

这是怎么回事呢？究其原因是我们没能真正接受自己的情绪。

首先，是模糊自己的真实感受，将情绪以抽象、隐喻的方式表达出来。比如，当家人问你怎么了时，你可能会这样表达：用"没事，就是压力有点儿大"代替"我今天很生气"，用"太累了"代替"我害怕失去工作",用"那人真绝情"代替"我真的很伤心",等等。对于大多数成人来说,直接说出"我很伤心""我很害怕"等仿佛是自己脆弱的表现,但如果说"进展不顺利"就好像把自己从"脆弱"中拉了出来,自己的感觉似乎变得没有那么糟糕了。

然而,我们这样做的结果是教会了大脑理所当然地认为这些情绪是危险的、"感受不好"是不可言说的。久而久之,当恐惧、愤怒、悲伤等情绪来临时,除了这些原始情绪外,我们可能还会感到羞耻。痛苦情绪的叠加使得我们调节情绪的难度大大增加。

所以,在可能的情况下,努力使用平实、简单的语言来描述我们的感受,才能真的使我们的情绪得到安抚。

其次,是过于想要逃离情绪。心理学中有一个特别有意思的实验结论,就是我们越是不想想某件事时,这件事越是萦绕在我们的脑海之中。

或者,你有没有过这样的经历:你意识到自己焦虑时,试图努力摆脱焦虑,于是寻找各种不需要焦虑的理由,结果却发现不仅焦虑没有消失,还让自己感到很无力。因此,更好的方法是,干脆承认并接受那些负面的情绪,然后将注意力转移到更有益的事情上,比如认真练字、运动一会儿、听一段广播等。

做做运动，赶走坏情绪

　　最后，是因自己的感受而评判自己。比如你感到焦虑时，心想："我真没用，为什么不能坚强一点儿呢？"对孩子发完脾气后，你马上对自己说："我真是个差劲的妈妈！"当你因为过去的事情再度伤心时，你立刻责备自己："为什么我总是不能从过去的事情中走出来呢？"……

　　持续地否定自己的情绪，就会向大脑传递这样的信息："感受不好"是一种错误。与此同时，你也会因自己犯了这个"错误"而产生新的不好的感觉，事情就会向着糟糕的方向发展。

有心理学家曾做过一项跟踪调查。他们将参与调查的一百位失业人员随机分成两组，并请两组人员均参加一项写作实验。其中，第一组需要写失业对自己生活的影响，越深刻越好；第二组需要写失去工作后是如何找工作的，并列出方法。实验连续进行五天，一百位失业人员每天书写三十分钟。

之后，实验小组解散，调查人员让这一百位失业人员去各自寻找新的工作。跟踪调查发现，第一组重新找到新工作的概率比第二组的高出许多。调查人员由此得出一个结论：承认自己的痛苦并表达出来，能帮我们更好地照顾自己的心情，并因此获益更多。

所以，我们要想更好地调节情绪，不仅要留意自己对负面情绪的反应，还要尽可能多一点儿自我同情和肯定，而不是只有评判和批评。总之，我们对待情绪最好的方式是承认、接纳并表达出来，不要试图与情绪纠缠，而要将注意力放在那些更容易见到成效的事情上。勇敢认同内心的真实感受，让情绪自由流淌，拥抱安宁。

路口很多，纠结要少

　　人生之路上总是会有很多路口，每个方向都充满着诱惑。遗憾的是，路口虽多，路牌却很少，不管选择走哪一条路，都需要我们自己决定。于是，我们陷入纠结：既想要春的艳丽，也想要秋的静谧；既害怕夏的炎热，又恐惧冬的严寒……

　　很多人将这种状态称为"选择困难症"。这个名称虽然听起来十分有趣，却是一件十分内耗的事情。有人会说："遇事不慌，三思而后行难道不对吗？"处事谨慎固然重要，但我们如果面对选择时总是思前想后、犹犹豫豫，就会备受折磨。因为我们在犹豫不决的时候，会产生无助、痛苦的情绪，这些不良情绪不仅是对生命的消耗，还会使我们错失很多机会。

　　公元前206年，项羽和刘邦的势力逐渐壮大，双方可谓势均力敌。项羽为了试探刘邦是否有称王之心，便主动邀请刘邦到咸阳郊外的鸿门举办宴会，并在宴会上设了埋伏。

刘邦得知消息后，非常警觉，但又不得不去，于是一到宴会他就主动表示自己并无称王之心。此时，项羽心想："灭秦本就有刘邦之功，如今他并无称王之意，我却杀他，是不是太过不义？"

席间，范增见项羽犹豫不决，于是让项庄舞剑，想趁机刺杀刘邦。可惜被张良看破，引樊哙前来相救。此时，面对杀气腾腾的樊哙，项羽依旧没有下定决心，而是好言相劝。

之后，刘邦装作醉酒，故意在宴会上失态。项羽误以为刘邦无法对抗，心里又矛盾起来："杀之，自然可以永绝后患；但刘邦如此不堪，我若杀之，岂不是有损我的英勇形象？"

最终，刘邦利用了项羽的误判和优柔寡断，成功逃脱了陷阱，并在事后重整军队，发起了反攻，并最终击败了项羽，成了汉朝的开国皇帝。而项羽，则落了个自刎于乌江的下场。

在人生的这条路上，我们无论处在哪一个阶段，都会面临很多的选择。只要我们充分估计了形势、利弊、得失，就应该迅速地做出决策，而不是优柔寡断，否则只会错失良机。

我们之所以要摒弃纠结，是因为当我们过于纠结某个问题时，我们的思维会陷入某种固有的模式，也就是一种思维惯性，而无法找到新的解决办法，导致情绪内耗。

虽然道理每个人都懂，但真正实施的时候很多人会茫然无措。这是因为一个人要想从犹豫不决变得果断，需要时间的积累和实践的锻炼。

首先，做自己的主人。你有没有遇到过这种情况：每次面对重要的选择时，总害怕选错，于是问遍身边所有人却常常得不到满意的答案？事实上，即便有人能够替你选择，他们的选择也未必正确，因为他们只能站在自己的而非你的立场来决策。

如果你变成一个有主心骨的人，有自己的想法，能够建立自己的认知体系，你就会发现，对于那些发自内心真正想要的，你会坚定地去做；对于那些不值得你获得的，你也不会去追求。

因此，你不妨多读一读经典的书，提高自己的认知水平，明白什么才是亘古不变的智慧，那样就不会在各个选项之间游移不定了。

其次，用脑更要用心。很多成功人士都说，他们在做出判断或者决策时并没有经过太多的思考，而是凭着自己的直觉。这里的思考指用脑，直觉指用心。

　　为什么要少用脑、多用心呢？这是因为当我们用理性的大脑来思考各个选项时，大脑有一种本能，就是躲避危险，甚至制造恐惧来误导我们，而"心"能够抛开一切，引导我们走向自己真正想走的路。

　　当你安静地坐下来，让大脑完全放空，把全部注意力都放在自己的内心时，你轻轻地问自己："什么才是我想要的呢？"答案自然就会浮现出来。此时，你的感受是平和的、丰盈的、充满能量的，否则说明你可能陷入了头脑的陷阱。

　　最后，懂得凡事都有取舍。很多人在面临抉择的时候之所以总是瞻前顾后，迟迟无法做出决断，是因为每个选项他们都舍不得放手。但我们一定要知道，选择的实质不过是"利益"和"心意"的较量。如果你选择利益，则最担心的是人生留有遗憾；如果你选择心意，则最担心的就是利益受损。两者之间的权衡，没有对错之分，只看自己能承受哪一种而已。如果你不想人生留遗憾，那就随了自己的心意；如果你觉得自己输不起，那就选择利益。但无论你选择哪一种，尽全力去做就是对的。

总之，在人生的十字路口，要大胆选择，努力行事，选择时少一些纠结，选择后少一些后悔。做得好时，得到自己想要的礼物；做得不好时，也应坦然接受命运的安排，这亦不失为一种智慧。

行动起来，才能不焦虑

相信每个人都有这样的经历：躺在床上辗转反侧时，自己的脑海里出现许许多多的画面，那些曾经的愿望、没有做到的事情都还历历在目，只是现在还没有行动起来，一切都还只是想想而已。偶尔我们也会突然警醒：没有努力的愿望都只是胡思乱想，努力才是对生命最崇高的礼遇。

然而，我们昙花一现地警醒之后，却依然难以行动起来，于是，面对不断流逝的时间和难以实现的愿望，不由得越来越焦虑。焦虑的诱发因素多种多样，既包括外部环境的变化，也包括个体内部的心理状态。其中，很多人的焦虑情绪，源于自己想要达到的目标与现状所产生的差距。

处在无法开始行动的状态里的人，内心仿佛有两个自我：一个是要求性的自我，一个是无能为力的自我。这就像起床时身体里住着两个小人一样，一个说"该起床了"，另一个说"再睡会儿吧"。要求性的自我不停地提醒自己今天要加油、要努力，但无能为力的自我却总是精神萎靡、一动不动。几番斗争下来，要求性的自我开始变得愤怒，但这样做于事无补，因为无能为力的自我始终无法从昏沉中醒来。

最终，要求性的自我开始思考："他为什么是这样的？为什么和我不一样？！"同时，无能为力的自我也在想："我真想成为他那样的人，为什么我不是他？！我好恨我自己，我讨厌我自己！"

小郭是一名会计，但是他对法律很感兴趣，一直想利用业余时间学习法律知识。所以，他给自己报了辅导班，利用周末的时间上课，每天下班后自学。刚刚开始的几个周末，他总能坚持去上课，认真完成老师布置的作业。然而，随着课程难度的逐渐加深，面对作业时，小郭有些力不从心，于是开始给自己找借口，如工作忙、有聚会、身体不舒服等，总之就是拖拖拉拉，不肯学习，周末交不上作业，搞得自己越来越焦虑，慢慢地竟然连课也不去上了。

就这样，一个学期下来，小郭报的几门课程都学得一塌糊涂，竟然一门都没有考及格。

后来，和朋友提起这件事时，小郭不无感慨地说："有了愿望，就得努力去做，像我这样三天打鱼，两天晒网，无论有什么美好的愿望都无法实现。唉！我也知道这样拖延不好，但就是行动不起来，好痛苦啊！"

那么，小郭的问题究竟出在哪里呢？

他的问题就是行动力的缺失，这是一个令很多人都感到棘手的问题。到底是什么夺走了我们的行动力呢？也许当我们看清了不努力背后的根源，就会坦然、淡定许多，不那么责怪自己了。找到了根源的我们，行动力会逐步提高，自然也就不再焦虑了。

当我们想要的太多时，往往会迷失方向，缺乏行动力，不知道该从何下手。世界之大，生活之丰富，看似我们能做的事情有很多，但是，我们能做好的事情却很少。无论是精通一件乐器，还是养成早睡早起的习惯，从第一次成功到最终成功，都是一个漫长的过程，绝不可能一蹴而就。因为人类大脑有一个最基本的特性，就是节能。这一特性使得我们在面对众多事情的时候，会自然地趋易避难。所以，缺乏行动力是人的天性使然。只有认清了这一点，并诚实地接受自己的行动力不足，才能更好地进入下一步。而下一步，就是"做减法"，剔除那些对你没有那么重要的事情，保留那些真正重要的事情，抓住重点才不会使自己无所适从。当你真正地完成一件事情之后，你对接下来的事情也就

有了信心和动力。然后，那些你要做的事情，就一件一件有着
落了。

梅花香自苦寒来

同样，当外界的诱惑太多时，我们也会面临类似的困境。比
如，我们本来打算利用两个小时把厨房彻底打扫一遍，但因为中
途来了一个电话，然后想起了最喜欢看的短视频，于是分神，所
以任务失败。这也是由于大脑的节能特性，即大脑会借助事情的
名字、声音、时间或场景等任意要素，来使我们想起特定的内
容。这一特性大大降低了大脑的能耗，但可怕的是：只要我们醒

着，我们的注意力就随时可能被分散。为此，我们要做的是"感受自己的行动"，比如：在吃饭时，认真咀嚼每一口饭菜，并努力感受它们的香味；在跑步时，全身心去感受每一次呼吸和每一次双脚的抬起、落下。这些做法虽然看似有些无聊，但事实证明，这对于保持我们的专注力十分有效。

通过行动，我们不仅能够逐步缩小现实与理想的差距，还能在过程中发现新的可能性和机会。此外，当我们把注意力集中在解决问题和达成目标上时，我们还会减少对负面情绪的关注。因此，当感到焦虑时，你不妨试着从行动上寻找突破口。

甘于平凡，不甘于平庸

生活的压力如同枷锁，时时刻刻都无情地束缚着我们，让我们时常感觉疲惫不堪，觉得这世界总是乌烟瘴气、一团乱麻。由此，厌世情绪便如野草般在心底疯长。

厌世情绪更多源于我们对人生意义的质疑和对现实世界的无力感。我们不禁开始想：过这样的生活究竟有什么意义？日复一日的奔波劳碌，为什么换不来内心的满足与幸福？有时候，我们甚至会感到一种深深的绝望，仿佛整个世界都与自己为敌。

我们之所以会陷入厌世情绪，并非因为真的遭遇了无法逾越的障碍，而是由于内心深处难以接纳不尽如人意的现实。这种难以接受，往往源于我们对生活抱有过高的期待，或是对自我价值的认知存在偏差。我们不愿接受自己只是一个平凡人，无法掌控一切，甚至对许多事情都无能为力。

那么，如何走出厌世情绪的泥潭呢？我们需要学会正视现实，接受自己的不完美与平凡，以平和而坚定的心态去拥抱生活。

周杰，三十二岁，硕士学位，是一家外企的部门经理，工作七年，年薪八十万元，是令很多人羡慕的职场精英。但让人想不到的是，他突然决定辞职。虽然公司苦苦挽留他，但他去意已决，仍旧选择离开他打拼了多年的城市。原来，他实在不想整日面对那些压力了，他早已厌倦了这样的生活。他想带着妻子、孩子回到老家，去过那种悠闲的、没有压力的生活，他说他宁愿选择平凡，希望能够生活在闲适的环境之中。

于是，他卖掉大城市的房子，回到家乡，经济上毫无压力，也无须面对激烈的竞争和复杂的人际关系，一家三口，无须起早贪黑，惬意地生活了半年。

但是，周杰很快发现自己整日做着一些毫无新意的工作，面对着那些认知和自己有着不小差距的亲朋好友，他逐渐感觉自己并不能融入这样的环境。他开始怀念原来的生活和工作，虽然充满压力和挑战，但他的所见所闻、所做所想都是对他的滋养。现在虽然看起来惬意，但他感觉自己日渐枯萎，不仅失去了以前的昂扬斗志，更显得像个毫无追求的人，一日三餐，两点一线，一眼就望到了终点。

再三犹豫之后，他终于和妻子商量，再度回到他曾经生活过
的大城市，过起了和从前一样奔波但有奔头的日子。

很多人口中的"平凡"，其实不过是想要放弃当下的努力，
将自己的生活目标向下调整而已。然而，向下调整不会让我们变
得更好，甚至生活也会一日不如一日。

在一些口口声声宣扬着"平凡最可贵"的人的潜意识里，追
求平凡只是不想作为的借口，是一种面对困难时的退缩。将生

活标准向下调整的行为，是一种消极的退让，并非真正的甘于平凡。

实际上，甘于平凡，是一种智慧，也是一种勇气。它要求我们在纷繁复杂的世界中保持一颗平常心，不被名利所累，不为浮华所惑。正如古人云："非淡泊无以明志，非宁静无以致远。"

当真正接受自己的平凡时，我们会发现内心的负担减轻了许多。我们不再被那些虚无缥缈的幻想所困扰，而是脚踏实地地走好每一步，用心去感受生活的真谛。

当然，平凡不代表平庸或无能，选择平凡之路并不意味着我们不能有所作为，不能创造属于自己的精彩。

曾经有甲、乙两名工人，同时进入一家工厂，他们的工作内容也相同，都是给生产出来的产品喷漆。

喷漆的工作简单又枯燥，每天要为几百件同样的零件重复喷漆，两个人经常开玩笑说："咱俩总是重复同样的动作，总是一条胳膊在前，另一条胳膊在后，日后胳膊会不会不一样长啊？"

随着日复一日的劳作，甲对这份工作不再似之前那么用心，他时常对乙说："你那么认真干吗？这工作又没什么技术含量，再怎么认真也干不出什么名堂来。"乙却说："糊弄工作也是干，认真工作也是干，那咱就尽量干好呗，多费点功夫而已，没啥。"

甲又说："你呀，真是傻。咱就是个平凡的工人，你把自己搞那么累干吗?! "

乙便笑笑,不再说话,仍旧埋头认真地做自己的工作。

年底优秀员工评比中,乙脱颖而出,因为他喷漆的那些零件合格率达100%,这是自工厂建厂以来全年产品合格率全部达标的第一人。

几年后,乙已经成了工厂质检处的领导,他依旧在岗位上一丝不苟地工作着,每当有人夸奖他时,他总是说:"工作嘛,就应该尽力做好呀。"而甲依旧在原来的喷漆岗位上继续践行着他的"平凡理论",毫无起色。

各持己见

　　"平凡"与"平庸"，虽一字之差，但反映了两种截然相反的状态。平凡的生活也有着丰盈的形态和真正的价值，平凡之路也可以引领我们迈向卓越之境；而平庸的生活却是干瘪的、没有激情的，也是虚度的。所以，我们不妨多问一问自己，选择平凡之路是真的想要内心平和地只做好眼前的每一件小事，还是不想面对压力和竞争而选择的一种逃避方式。

　　总的来说，甘于平凡，不甘于平庸，这应当成为广大普通人的生活信条，且我们不应以平凡为借口，懈怠对梦想的追求。

既然击不垮，那就选择坚强

在我们小的时候，父辈们总爱说："你们都是在蜜罐里长大的。"但他们不知道的是，我们也会和其他小朋友发生争执，也会羡慕他人的棒棒糖，也会被批评，也会因为各种事情而受到伤害。随着一天天地长大，我们发现，没有人会一直长在蜜罐里，每个人的人生都会经历数不尽的风雨和磨难。常言道"人生不如意事十之八九"，说的就是这个道理。

尽管每个人都希望得到命运的垂青，都希望自己被命运捧在手心里好好呵护，但我们的生活总是喜忧参半，没有一直可延续的快乐，也没有永不停歇的痛苦。快乐令人欣喜，使人充实，让人对生活充满希望；但痛苦也没有那么可怕，只要我们选择坚强地面对，它终究会让我们的人生变得坚实而厚重，使我们拥有更加顽强的生命力。

卢梭说:"要使整个人生都过得舒适、愉快,这是不可能的。"人生之路上难免布满荆棘与挑战,它们甚至可能接踵而至,如此情境下,人们难免会心生畏惧情绪。选择"躺平",还是选择继续前行,是每个人在面对人生低谷时都会遇到的抉择。

小军大学即将毕业,他原本打算进入一家普通公司做一名会计,然后安安稳稳地度过自己的职业生涯。然而,他的父亲却被查出了癌症。高昂的治疗费用让这个原本并不富裕的家庭顿时陷入了困境。

看着日渐消瘦的父亲和一筹莫展的母亲，小军知道，是自己扛起这个家的时候了，因此，他决定去外企应聘一份薪水更高的工作。然而，小军的英语水平很一般，要想到外企工作，简直比登天还难。

事到如今，小军只能硬着头皮上。果然，如他所料，几次面试他都以失败告终。因为面试时面试官要求全程用英文交流，他总是应付完一开始的几句寒暄就完全听不懂对方的话了。不过，他并没有因此而退缩，他决定利用毕业前最后几个月的时间恶补英语。

他利用所有能够利用的时间背单词，找英语好的同学练习口语，认真背诵他有意向的外企的英文资料，简直到了废寝忘食的地步。功夫不负有心人，在五月份的一次招聘中，小军终于在一众面试者中崭露头角。面试官听出小军的英语发音还有些生硬，但他的词汇量却惊人，于是忍不住问了小军原因。小军诚实地用英语进行了回答。面试官既感动于他的担当和坦诚，也看到了他身上努力向上的心态、直面困难的勇气，因此，最终决定录用他。

英语面试指南

　　任何时候，命运都不会无缘无故地对我们青睐有加，如果有，一定是我们在某个时候努力过、坚强过。生命，从诞生的一刻就要经历阵痛，沿途也不可能全是美景。遇事就选择"躺平"，或许能暂时避开眼前的风雨，却也可能让自己陷入更深的泥潭，失去了成长和进步的机会。我们只有克服畏难情绪，选择勇敢地面对，才能在荆棘中走出一条路来。

　　你可能常常听到这句话："不逼自己一把，你永远不知道自己有多优秀。"但是，心理学的研究发现，人的本性并非知难而上，而是避难就易。不仅如此，我们的大脑还十分擅长自欺欺人，面对困难，无论是想要退缩，还是想要坚持，它都能够很快为我们找到若干看似合理、正当的理由。

所以，在面对困难和挑战时，我们首先需要学会自我激励，找到内心的驱动力。通过不断地自我鼓励和自我肯定，我们可以在逆境中不被一时的失败击垮，依然能够保持坚定的信念和前进的动力，相信自己有能力克服困难。

我们要记住一句话："飞得最高的风筝是逆风的。"逆境是一个机会，是一个让我们重新审视人生、思考未来的机会，也是让我们从此开始蜕变的机会。

快乐与否，取决于你怎么看

苏轼在《题西林壁》中写道：

横看成岭侧成峰，远近高低各不同。

不识庐山真面目，只缘身在此山中。

我们经历的每一件事，都像苏轼笔下的庐山一样，有很多个面。当我们深陷某种情绪中时，我们常常看不到事情的本来面目。而当我们从不同的角度来观察同一件事情时，我们又常常会产生不同的心境。若这样想，就可能使我们出现这样的情绪；若那样想，就可能使我们出现那样的情绪。就好比我们手里有半杯水，这是一个事实，它既不会顾及我们的感受，也不会迎合我们的意愿，它是客观存在的，我们无法左右，但我们可以选择如何看待这半杯水。比如：乐观地想，这里还有半杯水，可以喝；悲观地想，这里只有半杯水，不够喝。

可见，一个人快乐与否、幸福与否，常常不在于他经历了什么，而在于他如何看待这件事情。

从前，有一个老婆婆。老婆婆有两个女儿，大女儿嫁给了一个卖伞的，二女儿嫁给了一个卖布的。自从两个女儿都出嫁以后，老婆婆就从来没有开心过，整天坐在路口哭，下雨哭，天晴也哭，人们干脆送了老婆婆一个绰号——"哭婆婆"。

　　一天，一位禅师路过。禅师听这里的人说有这样一个整天哭的老婆婆，感到十分好奇，于是禅师找到老婆婆询问缘由。老婆婆一边哭一边叹着气说："唉！我有两个女儿，大女儿家卖伞，二女儿家卖布。天晴的时候，我就担心大女儿的伞不好卖；下雨的时候，我又担心二女儿的布不好卖。所以，我每天都伤心落泪。"

　　禅师听后，笑着对她说："老婆婆，你不妨换一种想法。以后每到晴天的时候，你就为卖布的二女儿高兴，因为晴天就会有许多人赶集去买布；到了雨天，你就为卖伞的大女儿高兴，因为下雨就会有许多人需要买伞。你如果这样想，是不是就每天都高兴了呢？"

　　听了禅师的开导，老婆婆顿时豁然开朗。从此，人们又改叫老婆婆为"笑婆婆"了。

　　从不同的角度看待和思考问题，即使面对同样的事情，也会产生不同的情绪反应。由此可见，在日常生活中，我们是否感到快乐、幸福，取决于我们是否想要感受快乐、幸福。

　　此外，我们对某些事情常常感到愤怒、悲伤等，还有一个原因就是凡事都要争论对错。但人生不是做判断题，很多事很难完全统一见解，特别是当我们步入社会以后，如果还总是以对错来评判事物，就会烦恼丛生。

比如，夫妻之间常常会因为一些鸡毛蒜皮的事而发生争吵，如：牙膏应该从中间挤还是从尾部挤，垃圾应该立刻扔还是等下楼时顺手扔，孩子无意间打翻了牛奶应不应该批评……对于这些原本就没有标准答案的事情，如果我们非要争论孰是孰非，自然少不了一顿争吵，还怎么从生活中获得幸福感呢？

生活中的很多事情也是一样，并没有绝对的对错之分，只有立场的不同。如果你太过偏执、过于较真，就很容易陷入偏执的泥潭，从而无法发现身边的美好。

一个人的幸福感与其看待问题的角度有直接关系。眼里若有光，世界就是明亮的；眼里若无光，世界就是黑暗的。不可否认，有的人一生大部分的时间都是幸运的，而有的人一生大部分的时间都是辛苦的，但这并不是决定一个人幸福与否的关键，最关键的决定因素还是我们看待问题的角度。从乐观的角度看，幸福感就会多一些；从悲观的角度看，幸福感就少一些。

我们都熟悉《淮南子·人间训》中的一句话："塞翁失马，焉知非福。"这句话就是在告诉我们要学会从另一个角度去看待问题，而不要只局限在当下的看法中。当我们从非黑即白、非此即彼的定性思维中走出来时，我们的格局就会被打开，格局一旦变大，我们就会发现那些原本看起来很一般的人其实也有一些优点，那些原本以为逾越不了的障碍其实也没有什么可畏惧的。

我们从小就被教育该如何对待他人，

该如何做好事情。

但是在走过很长的路之后，我们会无奈地发现，

有些方法看似合理，但无法解决生活中的问题。

这时，如果我们敢于打破一些固有思维，

改变一下自己做事的风格，

那么很多问题就能迎刃而解。

第三章
出人意料的
解决方案

回撑，是"治疗"憋屈的特效药

很多时候，在面对分歧或矛盾时，我们更愿意奉行"忍一时风平浪静，退一步海阔天空"的处世哲学，相信宽容大度是解决一切问题的法宝。但现实却并非如此，我们常常会遇见得寸进尺的同事，今天让我们帮忙做这个，明天让我们帮忙做那个；或者一说话就抬杠的人，他们的每一句话都让人难受。如此种种，我们表现出的隐忍或包容，在对方眼里不过是无能的沉默罢了。在你的沉默中，要么对方变得越发猖狂，要么你忍无可忍，走向极端。

阿楠是一家私企的程序员，三十一岁，在这个公司已经工作了五年。他在公司里是出了名的好脾气，见人总是一脸笑意，无论别人说什么，他都从不发火。

　　因此，在平日里，公司里的同事们不管年龄比他大还是小，都喜欢拿他开玩笑，他也总是一笑了之。甚至有些素质较低的同事，总是将自己的工作推给他做，他对此也不多说什么，而是选择默默地做了。

　　尽管如此，部门经理也没有觉得阿楠是个好同事，反而看他脾气好，总是苛责他。在公司里，如果别的同事犯的错误不是太大，经理通常只是私下里说说，不会在会议上公开批评。但是，对于阿楠，即便他只犯了小小的错误，经理也要在会议室里当着大家的面批评，这让阿楠感觉很难堪。

　　公司里有些正直的同事私下里跟阿楠聊天，认为他没有必要一味忍让，否则某些人觉得他好欺负，以后就更加肆无忌惮了。但阿楠总是笑笑说："这没什么的，忍一忍就过去了！现在就业压力很大，我一家老小都靠我来养活。如果我真的撕破脸，反倒伤了和气，那样我的日子也不好过。"

　　于是，阿楠就在自己的不断忍让中度过了无数个憋屈的日子。他虽然表面上什么也不说，但在背地里没少叹气，有的时候甚至被气得整夜失眠。阿楠原以为像这样有份安稳的工作，生活还算过得去，但没想到的是，在公司的员工体检中，阿楠竟然被查出患有中度抑郁症……

　　面对那些总是有意无意地对你不尊敬的人，如果你总是抱着

"以和为贵""做人留一线，日后好相见"的想法，那么日后迎接你的就可能是冷嘲热讽和难堪。虽然每个人都拥有说话的权利，但成年人该知道哪些话该说，哪些话不该说，不该说的别说，该说的也得讲究说的方式。这种专门打击他人、否定他人的说话方法，分明就是只想自己快活，而不顾及他人感受。面对这种人，选择隐忍或包容并不能从根本上解决问题。

那么，我们应该怎么做呢？答案是不憋屈。所谓不憋屈，就是让我们的情绪合理地顺畅流淌。比如，在面对不公和冒犯时，要勇敢地表达自己的立场和感受，甚至可以适当地回撑，而不是一味地忍让和退缩。正如作家林语堂所写："我要有能做我自己的自由，和敢做我自己的胆量。"

我们常常会遇到一些人，他们害怕强者，通过欺负弱者来寻找心理平衡，享受虚假的强者快感。如果我们表现得软弱可欺，他们就会变本加厉。因此，我们要学会维护自己的权益，不给那些试图利用我们的人留下可乘之机。明确地告诉他人我们的界限在哪里，向他人展示我们不容侵犯的一面，震慑那些试图欺负我们的人，让他们明白我们不是好惹的，保护自己不受无谓的伤害。请记住，能够维护自己的权益，才是真正成熟和自信的表现。

不仅如此，我们身体的许多疾病都是坏情绪长期憋在心里引起的。学会合理地表达情绪，不让自己长期处于憋屈的状态，也是我们维护身心健康的有效方法。

成年人，只筛选，不教育

我们的很多坏情绪都源于那些我们不喜欢的人或者与我们想法不一致的人。当他们的所言所行背离了我们的思路时，我们常常会感到不舒服，或是气愤，或是无奈。如果此时我们想要纠正他们，想要给他们灌输我们的思维方式，那么更多的坏情绪就会接踵而至。

企业家稻盛和夫说过这样一句话："成年人之间只能筛选，不能教育。要克制自己去纠正别人的想法和欲望，因为人永远是叫不醒的，人只有痛醒。"

"只筛选，不教育"，是成年人交往的重要原则之一，因为每个人都生活在压力之下，没有人愿意与一个时常给自己带来负面情绪的人交往，就像人们常说的"道不同，不相为谋"。如果我们强行与那些观念、思想与我们不同的人在一起，那只会徒增烦恼，这就是"只筛选"的原因。

其实，造成我们情绪困扰的最大问题源于我们没能做到"不教育"。大多数人在遇到与自己意见不同的人之后，总会有意无意地想更正他人的观点，总是试图让他人的思维方式与自己的相同。然而，无数事实证明，当我们尝试着去改变一个人的时候，我们不但得不到自己想要的结果，反而会使自己陷于痛苦之中无法自拔。

刚刚大学毕业的一对好闺蜜张婷和孟妍都面临着就业的问题。张婷是普通家庭的孩子，希望早日替父母分担家庭负担，于是迅速找了一份工作，虽然薪水不高，但总算可以自己挣钱了。而孟妍家境殷实，她一直没有着急找工作，她不想过每天打卡、每月拿固定工资的生活，而是想自己创业，开一家小店，自由自在地生活。

但是，张婷感觉孟妍现在创业还不是时候，于是对孟妍说："咱们刚刚毕业，一点儿社会经验都没有，自己创业怎么能挣到钱呢？"

孟妍说自己也没想过挣钱，只不过是想尝试一下，要是实在不行，就关了店再找工作。

然而，张婷仍然觉得孟妍创业一定会赔钱，因此努力地用各种理由苦口婆心地劝她，恨不能把自己的想法完完全全地灌输给她，好让她不至于一毕业就遭受失败的打击。

开始的时候，孟妍知道张婷是出于好心，因此一直不好意思反驳她。但一个多月后，孟妍有点儿烦了，就对张婷说："失败就失败嘛，我都不怕，你就别操心了。这是我自己的事情，我会承担后果的。再说了，万一我赔钱了，还有我爸妈呢，我又不会饿肚子。"

听到孟妍这样说，张婷觉得这个好闺蜜不领情，结果两人弄得很不愉快。特别是张婷，一度很郁闷。

其实，张婷和孟妍两个人的想法都没错，只是张婷从自己的立场和家庭背景出发，太想改变孟妍的想法了。人与人之间，由于生活环境不同，经历的事情不同，认知自然也不同。你认可的生活，别人不一定认可；你以为的好意，别人也未必真的需要。所以，为了让彼此在相处的过程中都有舒畅的心情，真正聪明的人会做到"只筛选，不教育"，合得来就合，合不来就散，一切皆随缘，决不强求对方。

人为什么不喜欢被他人教育呢？尽管我们提出的观点未必错误，但别人还是不愿意自己的人生被指指点点。这是因为每一个人在成长的过程中，都会随着知识和阅历的增加，逐步形成自己的价值观、人生观和世界观，满怀信心地寻找独属于自己的人生方向。此时，如果突然有人跳出来说"你这样做不对"，这无疑会被人看作一种干扰，从而使人产生抵触情绪。

所以，将精力集中在那些值得投入的关系上。对于与我们相处融洽、志趣相投的人，我们可以适当地增加与他们的互动和接触；对于与我们性格不合、难以相处的人，我们可以选择保持一定的距离，尽量避免与他们发生冲突和摩擦。这样做不仅能够减少我们的情绪消耗，还能让我们避免陷入没有必要的纷争之中。

学会断舍离，迎来好心情

很多时候，我们之所以情绪不好，是因为我们想得太多或者想要的太多。如果我们学会放弃一些东西，那么我们的心情也会跟着变得轻松起来。

只是，成人的世界总是复杂的，大多数成人的心灵和抽屉一样总是堆积得满满的。我们的问题就在于我们总是难以割舍那些弃之可惜、留着没用的东西，物品也好，社交也罢，有很大一部分看起来对我们的生活似乎有用，实际上丢掉后对我们的生活毫无影响。比如，你可以在家里的各个角落搜索一遍，一定可以找到很多放了一两年的物品，只是因为它们还没有彻底坏掉，或者认为总有用到它们的时候，所以没有扔掉。如果你能够狠狠心，将这些东西统统扔掉，那么你的生活不仅不会因此变得糟糕，反而会变得更加清爽和舒适。

丽娜和丈夫经过几年的奋斗，终于买了一套一居室的房子。因为面积不算大，所以丽娜打算用收纳来弥补空间的不足。入住新房的第二天，丽娜就开始疯狂地在网上购买各种收纳用品，衣服的、食物的、日用品的……总之，对于家里的各种物品，她都在大脑中给予了收纳安排。

不到一周的时间，各种收纳盒、收纳箱、收纳袋都一一送达，她也开始试着按自己的设想进行整理。然而，想象中的收纳和现实中的收纳并非完全契合，理想和现实之间的差距实在出乎她的意料。这样一来，相当一部分的收纳用品并没有派上用场，但是丽娜不舍得扔掉。她想：东西是全新的，先放着吧，说不定什么时候就用得上呢。

转眼年关将至，丽娜想将家里彻底打扫一下。她将平时不用的东西全部摆在客厅之后，客厅都被占满了。

"难怪家里总是乱糟糟的。"丽娜嘟囔着。最终，她狠了狠心，将这些没用的东西全部舍弃，能送人的送人，送不出去的干脆扔进垃圾桶。看着清爽的小家，丽娜长长地舒了一口气，说："有些用不到的东西，无论存放多久，终究都没用。"

东西如此，社交更是如此。就像案例中的丽娜一样，她的行动不仅仅是舍弃没用的物品，还是和那个拿不起、放不下的自己做一次告别，让生活发生一次蜕变。只要有了这样的心态，无论是生活还是工作，都会变得轻松。

可见，其实给物品做减法的过程，也是对人生进行一次整理的过程，我们在这一过程中会渐渐明白，其实很多看似有价值的东西未必真的有价值，它们也许更适合放下甚至舍弃。适当地给生活做减法，就是让我们把原本有限的时间、精力等投入到真正重要的事情上，从而迎来好的心情和状态。

我们常常感到疲惫，这与生活中那些可有可无的人和事有很大关系。比如，你偶尔回一次老家，发小邀请你聚一聚，然后大家开始吃"罗圈席"，今天你请，明天他请，还是这些人，除了吃喝，就是吹牛；或者，单位里的一些同事周末爱攒局，打牌、唱歌、喝酒，经常通宵达旦，但并无实质性的交流；还有一些与自己圈子完全不同的社交，你去了也只是尴尬……

李唯从国外留学回来后进入了一家非常有名的医院，并成为该医院的明星医生。一天，他的一些多年都没有联系的朋友突然出现在医院，强烈要求和他吃顿饭，说有重要的事情同他讲。李唯虽然不太情愿，但也只好硬着头皮去了。席间，大家天南海北地聊着天，李唯多次询问究竟是什么事情，大家都笑着说："没事儿，只是老朋友聚一聚而已。"

吃完饭，李唯想要回家，但朋友们又拉着他去了KTV，一直折腾到后半夜。临走时，李唯又问到底有没有事，大家才说出实情。原来，这些人看李唯混得好了，觉得谁都有生病的时候，希望到时候李唯能给他们走个后门，行个方便。

李唯坚定地说："在我们医生眼里，所有病人都是一样的，只有病情的轻重缓急，没有所谓特殊照顾。"之后，李唯退出了他们特意建立的聊天群，并说以后这样的聚会不要叫他。

有人说李唯做得太不讲情面，李唯却说："我每天有的是重要的事情需要处理，如果我拿出这一晚上的时间研究病例，或许就能为我的病人寻找一个更好的解决方案；或者我多陪陪孩子，他就不用因等我回家而睡那么晚。这样的聚会有什么意义呢？不过是浪费大家的时间罢了！"

无能为力的事，当断；生命中无缘的人，当舍；心中烦郁执念，当离。放下过去的痛苦，才能迎接未来的美好，这就是断舍离的真谛。

我们要学会把时间留给自己，以及真正爱你的人，而不是浪费在无意义的人身上。只有将自己的生活尽可能地精简，才能收获最简单的快乐。

做都做了，就别再找后悔药了

　　如果你熟悉某些运动项目的比赛内容，无论是足球的还是篮球的，或者是其他什么比赛的，就应该知道这样一件事：在比赛中，领队或者教练负责所有的指挥工作，他们需要时刻关注赛场上的形势，及时调整战略，并当机立断地做出决策。

　　领队或者教练的这一决策常常关乎整场比赛的胜负，所以，这个决策人当时的心理状态会是怎样的呢？会不会感觉十分为难呢？因为最令人为难的除了时间紧迫之外，更在于领队或者教练要在众多的方案中选择其中一种，而比赛永远不会留给他们太多的思考时间。他们在如此情境下做出的决策是否也会有失误呢？如果决策失误了，他们会后悔吗？

　　如果这个决策人是你，你会怎样呢？假设事情最终的结果并没有如你所愿，即不那么完美，甚至搞砸了，你又会有怎样的情绪呢？

对于大多数人来说，后悔一定是有的。我们总是会不自觉地去想："如果我当时那样做就好了。""要是我再多想想，就不会像现在这样了。""哎呀，我真不该仓促地决定啊！""我怎么就那么糊涂呢？"……于是，懊恼、后悔、遗憾接踵而至。

然而，我们更应该知道的是，后悔是一种耗费精神的情绪。德国诗人、思想家歌德说过："急躁没有用，后悔更没用；急躁增加罪过，后悔给你新罪过。"

　　小谢在某公司工作了三年后终于迎来了升职加薪的机会——公司决定在他和另外几名同事之间选择一名作为新成立的部门的经理，于是让他们每个人都做一份详细的述职报告，三天之后上交。

　　小谢和另外几名同事都很高兴，也都十分用心。

　　小谢写完报告后，十分用心地不断修改报告的内容，因为他知道这是一个不可多得的机会，他比另外几名同事的资历都老一些，成绩也稍稍多一些，因此竞选成功的概率更高。

　　三天后，几个人都按时提交了自己的述职报告。但是，提交后不到两个小时，小谢就感觉自己的报告还有可以改进的地方。由于报告已经提交，他只能无奈地等待最后的结果。大多数同事都觉得这次部门经理的人选非小谢莫属。

　　然而，几天过后，领导却把这一部门经理的职位给了另一位同事，这令小谢十分不解。领导在宣布这一结果的同时，也给出了解释，他说："作为部门的领导，你需要有魄力，敢于做出决定。如果你觉得自己的决定并不完美，能补救时要敢于及时补救，不能补救时就要坚定地走下去，而不是站在原地后悔……"

　　此时的小谢恍然大悟，瞬间想起了这几天来，他总是不断地跟身边的同事说："我真后悔呀，当时怎么就那样写了呢！""其实，那句话应该换个方式说更好。""我真想找领导改一改报告呀，可是我没胆量！"……

就这样，小谢在几天的后悔中错过了期盼已久的部门经理的职位。

希望自己做的事情完美无缺本没有错，但一直沉溺在悔不当初中则会使事情变得更糟。因为我们在后悔的时候，往往会感到自己真的已经失去了很多东西，这种糟糕的感觉令人沮丧和失落，从而让人陷入一种无法振作的萎靡状态，失去前进的动力和信心。但如果你坦然地接受已经做过的决定、已经做完的事情、已经说出去的话，不再去纠结，事情就未必会像你想象中那么糟糕。

人生没有绝对的圆满，所以我们常常会有遗憾。但遗憾也是生命的一部分，就像当代作家王小波所说："这世界上有些事就是为了让你干了以后后悔而设，所以你不管干了什么事，都不要后悔。"

也许有人会说"说起来容易，但做起来难"，毕竟事情已经发生，后果已经显现，一切都已不可改变，怎么能不让人懊悔呢？可是已经存在的客观事实，大概是这个世界上最难以改变的东西了。毕竟，我们没有时光机，永远也不可能回到过去重新来过。既然如此，后悔终究是徒劳的。

基于此，我们可以从认知层面来减轻自己的后悔情绪。我们完全可以理解为，在那个当下，我们会做某件事、做某种选择、说某句话，都是基于我们那个时候的认知水平，是在我们当时的能力范围内所能得到的最棒的结果。换句话说，即使让我们回到过去，我们也会走同样的道路。既然如此，"后悔"这件事，除了平添我们的烦恼，还有什么意义呢？

这样的话，我们倒不如放下"后悔"，转向"检查"，多去想一想那些更有利于下一次把事情做好的问题——到底是哪里出了问题呢？当我们能够冷静地思考问题本身时，我们就可以迅速地将大脑从情绪状态拉到思考状态，从"过去的失败"转向"如何避免下一次再失败"。也许只有这样，才是对后悔情绪最好的慰藉，而不是想要苦苦寻找后悔药。

多点儿钝感力，少点儿"玻璃心"

所谓钝感力，就是迟钝地感觉事物的能力，是"玻璃心"的对抗者。相较于"玻璃心"具有的敏感、脆弱、情绪化等特点，钝感力更像是一种大智若愚的态度。

社会生活纷繁复杂，我们时时刻刻都在接收各种信息，接触各类人，并因此产生一系列情绪。有时候别人的一句话、一个动作、一个眼神，都能成为我们的心结，我们不是担心他人在伤害自己，就是感觉自己哪里做得不对，甚至因此而情绪崩溃。

西汉第一政治天才贾谊，就是死于一颗易碎的"玻璃心"。

公元前200年，贾谊出生于洛阳，少时便因才学出众而闻名县城，二十多岁被汉文帝任为博士，不久便升太中大夫，一路风光无两。

但是，木秀于林，风必摧之。由于他锋芒太露，不少权贵对他颇有微词。而他自己也对此十分在意，多次与人争执，没多久就被贬为长沙王太傅。赴任的途中，他看着湘江想起了屈原，自怨自艾，涕泪涟涟。此事传到皇帝耳朵里，皇帝也对他感到失望。

好在汉文帝惜才，三年后又召他回京，并让他跟随梁怀王左右。然而，世事难料，梁怀王打猎时竟然坠马而亡。这真的敲碎了贾谊的"玻璃心"，他日日自责，时时哭泣，最后在忧郁中死去。那年他不过三十三岁。

后世多位史学家、文学家都为他扼腕叹息，并有了"梁王堕马寻常事，何用哀伤付一生"的说法。

脆弱的"玻璃心"

读完贾谊的故事不难发现，贾谊的悲哀不是命运的不公，而是他有颗易碎的"玻璃心"。

相反，那些拥有钝感力的人，则常常情绪稳定，不轻易受到他人的干扰，不让自己陷入情绪内耗。其实，这个道理很多人都懂，但如何做才能提高钝感力呢？

首先，要把有些话当作耳旁风。人生如战场，无论是工作还是生活，有人的地方就会有流言蜚语，就会有各种不和谐的声音。这些声音就像夏天里的苍蝇一样，时常会在你的耳旁"嗡嗡"几声，即便你一直洁身自好、勤勤恳恳，绝不蝇营狗苟，也一样会听到不想听到的声音。

由于每个人所处的位置不同，对很多事情的期待就会不同，看待问题的角度也会不同，说出来的话自然也不同。比如，同样面对老板说"今晚要加班"一事，一些人会十分反感，因为一家人可能在等他吃晚饭，于是，他烦躁地说："又加班！"而一些人则可能十分欣喜，他感觉自己大展拳脚、积极表现的时候到了，于是兴奋地说："加班很好啊，工作最重要嘛！"这两种人都只是表达了自己的想法，若因此而争吵，那就没意义了。

再比如，当你说寒假想要送孩子学钢琴时，有一位妈妈说："学钢琴没有用，还不如学书法呢。"也许在她的眼里，学钢琴需要巨大的投资，学校也没有钢琴考试，所以她认为没用；而你的目的是希望孩子掌握一门乐器，可以让他在心情低落时纾解一下情绪。既是如此，也就没有气恼的必要了。

所以，当那些不入耳的声音来袭时，你听见了就听见了，然后赶紧把它丢在一边，继续做你自己的事情就好了。

其次，给自己最好的关怀。也许你以为这个世界上对你最苛刻的人是那个动不动就给你增加任务量的老板，或者是犯了错就责骂你的父亲，但其实都不是，这些都只是外界的干扰，真正对你苛刻的人是你自己。

如果你总是感觉他人对你不满意，总是感觉周围的人都在与你为敌，那一定是因为在遇到问题的时候，你先对自己进行了一番挑剔和否定。你那些否定自己的评价，会迅速地将你带入心灵的地狱，并展现出"玻璃心"的各种表现，如敏感、多疑、易怒、易哀等，喜怒无常。心理学研究表明：一个习惯于苛责自己的人，通常都会过于在意他人的评价。自己的苛责和他人的评价就此互为纠缠，从而形成恶性循环。

所以，不如对自己好一点儿，遇到事情时先考虑问题出在哪里，而不是劈头盖脸地先责怪自己。当你学会善待自己时，世界就会变得光明起来，心中那些小小的阴影也就难以遮挡你的笑容了。

其实，拥有"玻璃心"的人，最容易误判的是他人对自己的关注度。拥有"玻璃心"的人总是以为身边的人无时无刻不在注视着自己，但是如果我们认真去想、去观察，就会发现，外界和外人对我们的关注度并没有那么高，每个人都在忙自己的事情，就好像我们也无法总是时时刻刻地盯着某一个人一样。想明白这一点后，我们在说话、做事时就不必那么谨小慎微了；我们听见一些恶语时，也就不会总和自己联系在一起了。

愤怒需有效表达，而不是肆意发泄

在各种情绪中，最容易惹祸的就是愤怒，因为人在愤怒的时候无法做出理性的思考，从而常常会导致我们不愿意看见的后果。

我们也时常听到有人劝解那些生气的人，说"别生气了""一点儿小事，不值当的"等，但喜、怒、哀、乐是人之常情，我们可以因为得到奖励而欣喜，可以因为失去爱人而哭泣，那么自然也可以因为被人误解、被人欺负而愤怒。

有了情绪，自然需要表达，特别像愤怒这种较为强烈的情绪，如果总是将其压抑在心里，就会引发一系列心理问题，会影响身体健康，甚至导致难以收拾的局面。

二十世纪八十年代，李钢是某车间的一名技术工人，他日常工作做得不错，从不迟到、早退，也算是勤勤恳恳的。但他就是性格有些古怪，不怎么爱说话，不过大家都各干各的活，也就相安无事。然而，在车间年末评先进的事情上，李钢却闹得不可收拾。

原来，李钢从一开始就认定当年该轮到自己被评为"先进工作者"了，毕竟他参加工作已经有五年了，从来都没有出过纰漏，而且与他工作能力和资历差不多的几位同事都已经评上过"先进工作者"了。这一次，如果他能被评为"先进工作者"，不仅全家人脸上有光，还能分上房子。

但事与愿违，最终经过整个车间员工的投票，李钢再度落选，另一位比他晚来两年的职工成了当年的"先进工作者"。为此，他异常愤怒，感觉所有人都欺负他老实，而且领导也不重视他。他一定要让所有人知道，他也是有脾气的，不是那么好欺负的。

于是，当天晚上，他就去了领导家里，与领导及其家人大吵一通。领导说："这是大家投票的结果，你跟我闹什么?!"李钢更生气了，说这一切全是因为那人仗着领导的关系，大家才投的票。

李钢越想越生气，拿起桌上的杯子就朝领导家的电视机砸去，还声称，若明年再不选他，要让领导好看。第二天，他来到车间，把所有工友也都骂了一顿，说大家有眼无珠，只喜欢会拍马屁的人。

　　结果，第三天，李钢就被厂里开除了……

　　案例中李钢的表达方式有很大的问题，虽然他一时间心里痛快了，却因此失去了工作。所以，在表达愤怒时，必须保持理智的状态，要让自己的一切言辞和行为都在自己的掌控之中。

　　首先，我们需要认真思考为什么愤怒。因为愤怒并不总是合理的反应，有时它可能源于我们对情况的误解或是对他人行为的过度解读。因此，在愤怒情绪升起时，我们应该先冷静下来，尝试从不同的角度审视问题。我们可能会发现，有些愤怒是不必要的，甚至可能是自己误解了对方的意图。只有客观地看待问题，我们才能找到真正解决问题的方法，而不是被愤怒的情绪所左右。

其次，要学会控制情绪。在所有情绪中，愤怒是相对较难控制的一种，也是最容易造成不可挽回的后果的情绪。就如李钢，假设他只是去领导家里表达了自己的不满，而没有砸领导家的电视；第二天来到车间后，没与工友们发生争执，也不至于走到被开除的地步。因此，当愤怒来袭时，我们可以通过深呼吸、冷静思考等方式来避免自己做出冲动的行为。

最后，寻求合适的表达方式。愤怒的表达方式有很多种，常见的有摔东西、说难听的话、发狂、喊叫，以及伤害他人或者自己等。尽管我们将愤怒发泄了出来，但显然这些方式并不恰当。我们需要寻找一种既能表达自己的情绪，又能够得到对方理解和共鸣的方式。

美国心理学家托马斯·戈登推荐了一种方法：语气坚定地说出你的感受，分享你的期望，和对方说哪些行为让你感到不满。比如："我觉得……""我很生气……""我希望能这样，因为……""我请你……是因为……""当你……时，我很气愤。"……

无论你说什么，都要记住一点：你表达愤怒的目的是重新找到关系中的平衡，而不是借此攻击对方。另外，尽管表达愤怒看起来仅是愤怒者一方的事情，但它仍然是一种沟通。因此，不要滔滔不绝、咄咄逼人，让对方毫无辩解的机会。当然，这并不是说要你让步。而是因为，你如果过于强势，就会使对方也陷入负面情绪之中，就会导致事态进一步恶化。

表达愤怒的好处远远不只是出了一口恶气，它的可贵之处是重建自己和自己、自己和他人的关系。所以，如果你能够以恰当的方式、合适的语言，有理有据地发一次怒，不仅不会伤害彼此的关系，反而会让双方再度找回和谐的关系。

当然，这是最理想的状态。假设我们的修为还稍有欠缺，最终还是肆意地发泄了愤怒，我们就需要学会处理愤怒的后果，修复受损的关系。诚恳地道歉、积极地沟通等方式都是处理愤怒的后果的不错方式。

你可以指点，但别对我指指点点

人生之路漫长而曲折，我们总会有许许多多不知道何去何从的时候。儿时，我们会为了要一个玩具还是要一盒棒棒糖而纠结；年少时，我们会为了不知去念哪一所大学而苦恼；再大一些时，我们会为了是选一份安稳的工作还是选自主创业而烦恼；又或者，当我们不小心打翻了油瓶怕挨骂时，当我们惹心爱的人不高兴时，当我们谈丢了一个大的订单时——毫无疑问，此时的我们都希望有个人能够突然出现在身边，来指点一下我们该怎么办。

可是，如果有一个人总是出现在你的身边，时时刻刻地对你说："这样不行，你得……""你绝对不能选那个，不然你就完了。""听我的，没错。"……他们总是肆意地评价和指教着你，即便你没有向他们求助，即便你并不想听，但他们仍然自顾自地发表着自己的见解。此时的你，感受又会是怎样的呢？

人生如尺，必须有度。当我们的生活被他人无节制地参与和指挥时，我们内心的感觉是慌乱的，甚至是恐惧的，直至这个人退场，我们的内心才得以安宁，我们才能做出自己的思考和判断。这是因为边界感的存在是一个人自我保护和自我存在的体现，就如同动物界的领地一样，人与人之间有了一个边界，才能使我们感到安全。否则，要么彼此冲突，要么一个人被另一个人支配。

程力上初中的时候，学习成绩不太理想，父母为他能否考上高中而发愁，一直努力劝说程力好好学习。程力在父母的劝说下，也下决心要认真地对待学习，争取考上一所高中。

但有一天，程力的大伯来家里做客，说像程力这种情况努力学习也跟不上，不如以体育特长生的身份入学。大伯还说他认识某个体育教练，肯定能让程力的体育水平大幅提高。程力的父母虽然觉得有点儿道理，但还是希望让程力先努力学习再说。

没想到，第二天，程力的大伯又来了，且郑重其事地说："还让孩子试什么试啊，浪费时间，现在咱们就去找教练，我都联系好了。听我的，我还能害孩子吗？"

就这样，程力稀里糊涂地学上了篮球。然而，一年的时间过去了，满怀希望的程力却遭到教练的无情打击。教练认为，程力无论是体能还是身高，都不太符合篮球运动员的要求，因此他想走职业篮球运动员这条路不太现实，只能将其作为一种兴趣爱好。

好在程力没有灰心，回到学校，他日夜发奋地学习，考上了一所高中。高中三年，程力更加努力地学习，希望能考上一所好大学，选一个自己喜欢的专业。但在这三年中，大伯仍然时不时地对程力进行说教，指导他如何学习、如何跟老师打交道、如何节约时间，最后半年还指导程力如何选择专业、选择学校，且每次总不忘加一句"听我的，没错"。

此时的程力早已有了自己的想法，对于大伯的话，他只是礼貌性地应答着，但最后并没有按大伯的想法填报志愿。程力收到录取通知书后，大伯发现程力并没有将自己的话当一回事，很是生气，嚷嚷着说："不听老人言，吃亏在眼前。就你这个专业，将来能找到工作？"

毕业后，程力做着自己喜欢的工作，拿着不错的薪水，生活得安稳、幸福。程力时不时地还会暗自庆幸道："好在我后来没乱听人劝。"

　　虽然程力走了一次弯路，但好在后来清醒了，如果他还是听取大伯的各种"指挥"和"建议"，谁知道他现在过着什么样的日子呢？就算有份不错的工作，这个大伯也会一直支配程力的生活，仿佛这一家人没有他就完全不会生活一样。

　　每个人的人生都是属于自己的，即便是亲人，也没有资格对他人的选择横加干涉。当他们对我们指指点点时，他们本身就将自己放在了一个较高的位置，好为人师、指点江山这种行为往往源于他们内心的不安全感或是想要控制他人的欲望。他们可能试图通过批评和指责来提升自己的地位，或是为了掩盖自己的不足。

尽管我们理解这一类人的某些心理特征，但这仍然不是我们接纳他们的理由。当他人的指教让你感觉不舒服或反感时，你可以这样做。

第一，不向他们表现出求助意识，或者选择求助于其他人。这是最直接的从源头上断绝被人指指点点的方法。当喜欢指点他人的人在场时，你要尽量保持自己一切都好的样子，让他们无从下手。如果非要请教他人时，你大可以直接走向另外一个人，明确提出需要对方帮助的想法，比如，你可以说："×××，这个问题我想听听你的意见。"

第二，学会拒绝那些无理的要求和建议。如果你实在逃不开，并且对方已经开始说他的建议了，那么你仍然可以明确地拒绝那些不恰当的建议，你可以说："抱歉，你的建议很好，但是我不喜欢。"这样一来，他便知道你并不是一个可以随意支配的人，在你这里他是无法通过这种方式获得他想要的被认可、被尊重的感觉的。

当然，这并不是说你要完全无视他人的良好或者专业的建议，一个人完全忽视他人的建议就会变得刚愎自用。如果给你建议的人的确是某个领域的高手，那你多听一听他的想法和见解也会受益匪浅。另外，给你建议的人也许真的只是出于热心，本着助人为乐的初衷来表达他的想法的，这也无可厚非。

但如果他们的用词和语气已经超越了建议和帮忙的范畴，而是颐指气使、高高在上的，且毫无营养可言，那么你就大胆地开启屏蔽或者拒绝模式吧。

无论你的情绪有多么糟糕，

无论坏情绪令你多么烦恼，

都请用力拥抱它们，因为它们是我们生命中的一部分。

当你能够和情绪和平共处时，

你会发现，有些情绪正在悄悄地滋养着你，

让你的思想变得深沉，

让你的行为变得稳健，让你的心境变得开阔……

第四章
坏情绪也有
高品质

不是所有的负面情绪都十恶不赦

生活处处充满挑战，你可能随时需要面对那些令你不快的事情，比如：领导狠狠地批评了你；朋友在最后一刻通知你约会取消；上班的路上，车子抛锚；你只是接了个电话，饭就煳了；上学即将迟到，但孩子磨蹭着出不了门……这些会让你变得愤怒、失望、焦躁、伤心……

生活也处处充满惊喜，你随时会遇到高兴的事情，比如：街道上传来了你最喜欢的歌；你喜欢了很久的人说也喜欢你；你刚走进家门，你的孩子对你说"我今天被老师表扬了"；你回家的路上偶遇了久违的朋友……这些会让你变得欣喜、兴奋、愉悦、欣慰……

　　我们每天都会面对各种事情，同时也在释放自己的各种情绪，既包括正面的，也包括负面的。不管是哪一种情绪，都源于我们自己的内心，是我们对自身内在状况的一种反馈。它们就像语言一样，帮助我们更好地与心灵沟通。

　　英国某所大学的研究人员发现，负面情绪不一定是坏事，正面情绪也不一定是好事。关于这一点，在他们追踪研究的一家企业里表现得十分明显。

他们发现，A部门的员工在领导的大力赞扬下，相较于其他部门的员工显得更积极，非常期望自己的工作能够完成得毫无瑕疵，但年末时发现这一部门的员工的工作出错率比其他部门的高出很多。

而B部门则不一样。他们的部门领导刚上任，对部门的管理工作存在一些问题，导致员工抱怨连连，并不断有人向上级领导提出各种意见和建议。年终总结的结果是，虽然年初时花了三四个月不断整改，但最终的工作任务完成得比A部门出色。

研究人员最终得出结论：一些负面情绪可以使人不断反思，并通过反思逐步改正，最终得以发展。比如，人与人的冲突不仅会让问题在人们的不断争论中得到深入分析，还有利于提高人们解决问题的效率。

可见，每一种情绪都有其存在的价值，负面情绪也不是十恶不赦的。

其实，那些令我们恐惧的负面情绪对人类的生存具有巨大的意义。在早期人类的进化过程中，人类需要不断地应对来自外界的威胁。比如，突然遇到野兽时，人会本能地感到恐惧和紧张，从而提醒大脑集中注意力来应对眼前的危机。渐渐地，人类遇到的危险的种类越来越多，于是这种本能就得到了泛化，在其他类型的事件中也会感到恐惧和紧张。而在现代社会中，当人们知道违反规则就会受到惩罚时，出于对惩罚的恐惧，人们大多会自觉、有效地约束自己的行为。

再如焦虑这种情绪。事实证明，适度的焦虑感有助于我们高效地解决问题。一个人如果没有焦虑感，对什么事情都抱着无所谓的态度，得过且过，那么他的生活一定会过得一团糟。而有焦虑感的人遇到事情会积极应对，试图寻找解决方案，并努力解决问题。

又如嫉妒情绪。认真审视一下自己，那些令你产生嫉妒情绪的，是不是正是你所欠缺的？是不是你急切想要拥有，但不容易得到的东西呢？比如金钱、地位、工作能力、良好的人际关系等。嫉妒是人的天性，但过分嫉妒带来的冷漠、贬低、排斥、敌视、报复等，使"嫉妒"成了一个令人恐惧的词语。如果我们转变一下思维，用健康的方式应对嫉妒，那么它是否就可以成为我们努力追求的动力了呢？

其他的负面情绪也同样有着类似的积极作用。

正所谓凡事都有两面性，情绪也是一样的，不要将那些令我们感到不舒服的负面情绪全盘否定。如果你能够真诚地和负面情绪"谈一谈"，那么它能够带给你不一样的动力。为此，你可以试着这样来做。

首先，要主动识别情绪。当感觉自己正经受某种情绪的困扰而感到艰难时，你先静下心来，做几次深呼吸，认真感受你的生理反应，并试着准确地描述你感受到的情绪。你可以这样与自己对话："刚才发生了这样一件事……这件事让我感到……在这种情绪下，我的反应是……"

其次，列举这种情绪带给你的影响。这些影响不仅包括负面的，也包括正面的。比如对于焦虑情绪，你可以这样想：让我感到焦虑的究竟是怎样的事情？这件事情一定会发生吗？如果发生了，我该用什么方法解决呢？在焦虑情绪的影响下，我在哪些方面变得不如从前了？

最后，要倾听自己内心的声音。任何一种负面情绪都是从你内心深处发出来的声音，它可能在暗示和指引着你行动的方向，帮助你不断地适应生活。

总之，负面情绪也是生命中不可缺少的一部分，请试着接纳自己的负面情绪，带着微笑化解它们吧！

你随意，随你意

俗话说："常与同好争高下，不与傻瓜论短长。"前半句说的是只有与志趣相同的人争论才是有价值的，因为双方认知相当，都能明白对方在说什么，用不着面红耳赤、声嘶力竭，彼此在争论的过程中还可以增长知识、拓宽思路；而后半句则指出，不要与那些糊涂的人进行过多的辩解，因为与那些不在同一认知水平，或者对谈论内容一无所知的人争论，就好比对牛弹琴，就算自己费尽心机解释，对方仍然无法理解，这有什么意义呢？

没有结果的事，再怎么争论，也只是自寻烦恼；对于一些无关紧要的人、事，过多地强辩，也只是对自我的无谓消耗。宝贵的时间应该用在重要的人和事上，对于那些目光短浅的庸者，你只要说"你随意""随你意"就能把事情解决了。此时，态度冷漠并不是逃避，而是一种自我保护机制，是在复杂的人际关系中保持自我平衡的策略。

记得曾看过这样一个寓言故事：

在一个大森林里，有一只威猛无比的老虎，整个森林的动物都尊称其为"大王"。老虎有一个活泼可爱的小虎仔。

有一天，老虎正在野外教授小老虎如何捕猎。突然，从旁边的树丛中蹿出一条疯狗，对着老虎和小老虎一顿狂吠。小老虎顿时火冒三丈，对着爸爸说："爸爸，他在向我们宣战，他以为我们打不过他！"

然而，老虎并没有理会那条狗，只是让小老虎赶紧躲着走开了。小老虎十分不解地问："爸爸，这里的狮子、猎豹都是你的手下败将，但是你现在却要躲避一条狗，你难道打不过他吗？你害怕了吗？"

老虎说："孩子，爸爸当然不害怕，但那是一条疯狗。"

小老虎又问："疯狗很厉害吗？你打不过它吗？"

老虎问："孩子，我们老虎作为森林之王，打败一条疯狗很光荣吗？"

小老虎摇了摇头，说："和疯狗打架是不怎么光荣。"

老虎又说："那如果我们被这条失去理智的疯狗咬一口，感觉倒霉不？"

小老虎点了点头。

"既然如此，咱们干吗要去招惹一条疯狗呢？让它在这里叫吧，我们去练习捕猎不好吗？"

真正有格局、有胸怀的人，从来不会站在某个角度去试图说服他人，而是坚持自己正在做的事情，放弃那些无谓的人和事。事情有轻重缓急，认知分三六九等。在鸡毛蒜皮的事上，你若与层次不同的人辩输赢，只会浪费自己宝贵的时间。一笑而过，比针锋相对更有魅力；置之不理，比咄咄逼人更显格局。

所以，当有人对你说"我家的牛会弹琴"时，你最好随他的意，告诉他："你家的牛真棒！"人与人之间经历的事情不同、生活的环境不同、遇见的人不同，因此三观、立场、性格、格局等都会有很大的差异。

从前，有一个秀才偶遇了一个老农，不料两人起了争执，互不相让，竟有大打出手之意。后来，他们不得不到衙门让县令明断。

县令询问二人因何事而至公堂。

秀才说："回禀县太爷，三七二十一这谁都知道，但他非要说'三七二十八'。"

老农说："就是三七二十八。"

"二十一。"

"二十八！"

两个人谁也不让谁，谁也不服谁。

县令听了二人的讲述，沉思片刻，下了一道令："老农回家，秀才打二十大板。"

老农高高兴兴地回家了，秀才却十分气愤，他不解地问县令："您明明知道三七二十一，为何要问我的罪？您明明就是偏袒他！"

县令回答道："你堂堂一个秀才，不去好好读书做文章，却浪费时间和一白丁计较，你说该不该打?!"

　　故事虽然很荒唐可笑，但寓意很深刻。

　　正所谓"欲成大树，莫与草争；将军有剑，不斩苍蝇""道不同，不相为谋"。学会适时地保持冷漠，可以不受外界干扰，更好地专注于自己的目标和生活，把时间和精力花在对的人身上和重要的事情上，活出自己的精彩，才是人生最大的赢家!

无欲无求，你就完了

"欲望"这个词，往往被人们误解，甚至认为它是无尽痛苦的根源。所以，我们从小到大，一直都被教育"人不可以贪心""欲壑难填终会遭受不良后果"。然而，企业家洛克菲勒告诫儿子的一句话却让我们不得不重新思考"欲望"究竟意味着什么。他说："只要追逐名利的世界一天不被毁灭，只要幸福一天不变得像空气那样唾手可得，人类就一天不能停止贪心。"

或许有人对洛克菲勒的这一说法不认同，他们会说"人应该知足常乐"。但洛克菲勒所说的"贪心"其实是指适度的欲望。过度的贪婪会导致不良行为，适度的欲望却对个人和社会的发展有好处。我们仔细想一想：历史的车轮之所以不断向前，从煤油灯到电灯，从马车到飞机，不正是因为我们都渴望更好的生活吗？假使我们对生活全无要求，只要吃饱穿暖就停止了所有的渴望，我们是否仍旧停留在茹毛饮血的社会里呢？生活如逆水行舟，一旦故步自封、止步不前，就相当于自己选择了退步和落后。

太多的欲望往往会让人走向歧途，给人带来很多的负面情绪，比如不满情绪、嫉妒情绪等；但适度的欲望可以成为推动我们前行的动力。

或许我们可以换一种方式来解读"欲望"这个词，那就是永不满足。不满足是激励一个人不断努力奋斗的精神支撑，支持和鼓励一个人从好走向更好。生活如果太过安逸了，我们就会被生活所累。

六年前，周蕙曾经是一家大型企业的人力资源部总监，但是现在成了一名待业人员。很少有人知道，在成为那家公司的人力资源部总监之前，周蕙有多么努力。从进入公司开始，她就不断地告诫自己要努力追求进步，争取早日获得她心仪的职位。

可谓"苍天不负苦心人"，两年的奋斗加上她的才华，她终于得到了老板的认可，并顺利被提拔为人力资源部主管，又过了两年，她成为人力资源部总监，她是公司创立以来最年轻的总监。

升职后，周蕙感到了前所未有的满足，她不仅拿着可观的薪水，出门还有公司配备的专车。她不禁在心里窃喜："这就是我想要的生活啊！人生如此，夫复何求？"

从此，她对工作的热情锐减，不仅经常迟到，还时常请假，为的就是让自己好好睡个觉或是外出放松几天；原本她手里负责的工作，只交给下属去做，而她自己则只管发号施令。有些朋友劝她对待工作积极、认真一点儿，她却说："差不多就行了，人得懂得知足。我在这个位置就可以了，也不求再升职、加薪了。"

就这样，她在人力资源部总监这个岗位一年多的时间里，别说有突出的业绩，就连公司内部最基本的人事调动都出现了一些岔子。有人说她不了解公司的实际情况，随意调遣；有人说她以权谋私；连她的助理也抱怨，她除了分派任务，其他任何事情都不管……总之，她将公司弄得一团糟。即便这样，周蕙仍然觉得这些都是正常的，她对此辩解道："哪个公司能没有一点儿怨气呢？人力资源部总监本来就容易招人恨！"

直到半年后的一天，她走进办公室的时候，看见她的助理已经将她办公桌上物品打包放在一起时才感觉事情不妙。她诧异地问助理怎么回事，助理面露难色但又十分坚决地说："周姐，非常抱歉地通知您，公司已经撤销了您人力资源部总监的职位，请您将自己的物品拿到外边的办公桌，您现在的职位是人力资源部普通职员……"

此时的周蕙羞愧难当，一气之下辞了职。然而在竞争日益激烈的职场，从没有一点儿骄人成绩的人力资源部总监，也很难找到一份同等待遇的工作了。

可见，只有主动向前的人，才能体会不断向前带来的美好。无论你曾经多么优秀，也无论你曾经创造过多少辉煌的业绩，从你对生活没有任何欲望的那一刻开始，你就已经开始走下坡路了。因为当你停下时，世界并没有停下，身边的人都在不断地走向更好。

人生没有预告，我们做的一切都是在突破和改变，我们只有对生活"贪心"一点儿，想让明天比今天更好一点儿，才会乐于去开拓不一样的精彩。人生就是一场探寻的过程，只有不安于现状，才能走得远。

值得提醒的一点是，保持对生活的欲望，不是让我们放下手里的工作，去刻意做一些惊天动地的大事，也不是让我们向世界毫无节制地索求，而是让我们认真地做好手里的每一件事，让我们在做得不错时想要做得更好，让我们从合格走向优秀，只有这样我们才能不断地见识人生路上更多的精彩，体会生活带给我们的更多的满足。

我们总能看到那些比自己成功且比自己努力的人，他们明明已经很好了，为什么还要去奋斗和拼搏？有人耻笑他们贪得无厌，殊不知，他们可能在笑我们懒惰。所以，当你觉得已经够好时，不妨对生活适度"贪心"，努力去发掘一个更好的自己，让未来多一些可能吧！

优秀如你，才配享孤独

　　人越长大，就越能看清自己、看清世界，于是我们越来越明白：有些话，无人可说；有些人，无话可说。之后，随之而来的就是强烈的孤独感。

　　从牙牙学语、蹒跚而行的婴儿，到青春莽撞、初谙世事的少年，再到波澜不惊、独当一面的成人，在我们成长的这条路上，每一次的不被理解、不被尊重、不被支持，又有多少人能够真正体会我们内心的感受呢？我们或许生来孤独，人生的漫漫长路，注定要独自去体悟内心。

　　有的人被迫孤独，就像哲学家尼采所说："更高级的哲人独处着，这并不是因为他想孤独，而是因为在他的周围找不到他的同类。"

　　学会享受孤独，是一个自我成长和内心强大的过程。古往今来，凡成大事者，无一不是经得住孤独、耐得住寂寞的人。

汉代大学者董仲舒为了做学问，将自己关在屋子里昼夜苦读，曾创造了"三年不窥园"的佳话，终成一代大儒。

科学家爱因斯坦曾经在伯尔尼瑞士专利局的办公室里一坐就是七年，独自构思着自己的理论，最终提出了相对论。

清代作家曹雪芹为了完成巨著《红楼梦》，在破旧的茅屋里，忍受饥肠辘辘、寒风刺骨，有许多辛酸无处诉说，前后增删五次，披阅十载，才给后人留下了宝贵的文学财富。

数学家陈景润在十几年间，面对着那些枯燥的数字，用了不知道多少麻袋的草稿纸，终于发表了"1+2"定理，将哥德巴赫猜想又向前推进了一步。

还有，居里夫人发现镭元素、爱迪生发明电灯、门捷列夫发现化学元素周期表等，每一位伟大人物的背后，都有他们在孤独岁月中的默默坚守。

孤独是一种力量，它教会我们如何在纷扰的世界找回自己的本心，如何在众说纷纭中坚持自己，如何不为大众的标准所束缚。孤独就像一个筛子，将那些无谓的东西统统筛掉，只留自己最想要的、最重要的部分，因此也只有在孤独中，我们才能真正看清自己。可以说，人生的每一个成长阶段和对生命的每一次深刻领悟，都需要我们经历一次孤独的内省，那样我们才能更加坚定地向前迈步。

当然，孤独的感觉并不美妙，因此很多人都想要摆脱它。但是，我们越是想摆脱孤独，越发现那只是徒劳，因为它自始至终都与我们的肉身是一体的，就像寄居在我们身体里的某种微生物一样，只要我们存在，它就存在。正如作家马尔克斯在《百年孤独》里所写："生命从来不曾离开过孤独而独立存在。无论是我们出生、我们成长、我们相爱还是我们成功失败，直到最后的最后，孤独犹如影子一样存在于生命一隅。"

我们看到，有些人因为害怕孤独而走向繁华，最终又因为厌倦繁华而回归孤独，这是生命的本质。既然如此，我们何不享受孤独呢？"孤独，是一个人的清欢。"学会跟自己相处，是一个享受的过程。

小辉出生在上海，家境优渥，父母在音乐界都小有名气。小辉从小受到良好的教育，而且他聪明好学，无论是在学习上还是在音乐上都十分出色，小学六年级时就已经达到了钢琴十级的水平。

面对小辉在音乐上的出色表现，身为音乐人的父母自然希望他能够报考音乐学院。然而，高考填报志愿的时候，小辉坚决地填报了自己向往已久的考古学。面对父母和亲朋好友的不解和疑问，小辉并没有向他们做过多解释，他知道自己对考古的热爱和向往他们无法理解，那些与历史对话的感悟、在古今穿越中获得的欣喜，很难有人懂得。

在那一刻，他已经感到了深深的孤独。

大学毕业后，小辉如愿地开始了他向往已久的考古工作，而且一干就是十几年。

很多人也许不知道，考古工作其实枯燥、乏味至极，尤其在那个年代，科技水平还不高，很多东西都只能靠人工一点点地挖掘、修复。但小辉能够从工作中得到乐趣，他始终对自己说："这不仅仅是一份工作，也是一份责任和传承，是对历史的见证与保护。"

因此，当面对父母和亲朋好友的反对时，他从不多说什么，微笑不语是他最体面的回应。

后来，他终于有机会和父母做一次深入的交谈，他说："我曾经也因为不被你们理解和接纳而彷徨过，甚至痛苦过，但是在无数个黑夜里，我在无尽的孤独中和自己的心灵对话。它告诉我，所有的不被理解都不是放弃的理由，只有坚持下去，我才能成为我自己，而不是他人。我的孤独也许会比别人多一些，但我的内心是欢喜的。"

他也从没有辜负过这份孤独，一直兢兢业业地做着这份令他心生欢喜的工作。

　　在孤独中，我们可以摆脱外界的喧嚣和干扰，深入思考，从而获得更深层次的自我认知和成长。享受孤独，意味着我们能够独立面对生活中的各种挑战，不依赖于他人的认可和陪伴，而是依靠自己的力量去实现个人的价值和目标。

疏又何妨，狂又何妨

宋代词人刘克庄曾写过一首词——《一剪梅·余赴广东实之夜饯于风亭》：

束缊宵行十里强。挑得诗囊，抛了衣囊。天寒路滑马蹄僵，元是王郎，来送刘郎。

酒酣耳热说文章。惊倒邻墙，推倒胡床。旁观拍手笑疏狂，疏又何妨，狂又何妨！

这首词的大致意思是说：我举着火把在夜里走了十多里路，只顾挑着诗囊赶路，却丢掉了衣囊。天冷路滑，马蹄都冻得发僵。原来是王实之来送我刘克庄。我们喝酒喝得正高兴的时候，不禁谈论起文章来。高谈阔论之声把邻居的墙和胡床都惊倒了。

旁观的人都拍手笑话我们太粗疏、狂放，我们回应说："粗疏又怎样?! 狂放又怎样?!"

这首词是刘克庄在被贬后所作，语夸张、情大胆，全词高昂豪迈、酣畅淋漓，流露着词人傲视世俗的耿直个性，也是他主动向当时社会发动"攻击"的狂放表现。

这种豪放和豁达不知俘获了多少今人的心。然而，这终究成了我们难以企及的境界。生而为人，我们总有太多的无可奈何、太多的身不由己，面对各种压力和挫败，有人压抑，有人萎靡。即便面对成功，我们也常常选择保持谦逊、低调，张狂似乎成了一种令人鄙夷的弊病。

但我们知道诗人李白曾有"仰天大笑出门去，我辈岂是蓬蒿人"的豪言，文学家苏轼也有"老夫聊发少年狂，左牵黄，右擎苍"的壮语。由此可见，狂不是目的，而是手段。当一个人无论面对怎样的境遇，他都不压抑自己的个性和勇气，敢拼敢闯，不惧怕流言蜚语，不畏惧困难和挑战，敢于想他人不敢想的事，说他人不敢说的话，走他人不敢走的路，还有哪种生活比这更酣畅淋漓呢?

在拿破仑小时候，有一次，他的叔叔问他："孩子，将来你长大了想要做什么呢?"叔叔原本以为拿破仑会像其他孩子一样，要么想拥有一家糖果店，要么想要成为一名骑士。

但令叔叔吃惊的是，小拿破仑的志向并不在此。他滔滔不绝地发表了他心中早就构想出来的一番伟大抱负。他说他的志向就是带领法国雄兵席卷整个欧洲，并建立一个前所未有的超级帝国，最重要的是，他自己就是这个帝国的皇帝。小拿破仑的构想虽然听起来有点不着边际，但突显了他自信、勇敢的性格。

叔叔听完小拿破仑的抱负之后，感到荒唐，一边大笑，一边指着小拿破仑的额头，嘲讽道："这可真是个狂妄的想法！你怎么可能成为法国的皇帝呢？依我看啊，你去当一个小说家更合适，把自己写进小说里就可以圆你的皇帝梦了！"

面对叔叔的一番冷嘲热讽，小拿破仑非但没有动怒，反而静静地走到窗前，指着远处的天空，认真地说："叔叔，你看到那颗星星了吗？"

叔叔头也没抬，大笑着说道："现在是中午，哪里会有什么星星？孩子，你该不会是疯了吧？"

小拿破仑镇定自若地说道："可是叔叔，我看得到，它一直挂在那里，不分日夜地为我闪烁着，那是我的希望之星。只要它一直存在，我的梦想就永远不会破灭！"

其实，那颗"希望之星"从来就没有出现在天空中，而是始终藏在拿破仑的内心深处。拿破仑凭着这股狂劲儿，最终成了一位名留青史的法国皇帝。

"狂"是一种心态，是一种自信，也是一种对自我的认可，更是一个人保持自我、追求自我，不为他人所动摇和干扰的心志。无论是在生活中还是在工作中，一个人要想活得舒展，就需要有挣脱束缚的气魄，不拘泥于世俗，不囿于成见，随性而洒脱，敢于追求。

然而，在现实生活中，对于人们来说，最难的大概就是成为真正的自己，活成自己喜欢的样子。我们大多数人总是小心翼翼

地将原本的自己包裹起来：遇到不满时不敢说，怕承担后果；有抱负不敢说，怕被人嘲笑；满心爱意不敢说，怕遭到拒绝；成功时不敢说，怕他人嫉妒⋯⋯

总之，我们觉得好像只有隐藏所有的棱角，才是最安全的。尽管我们的平和、谦逊、与世无争，为我们的生活和工作赢得了某些赞许和掌声，却丢失了最真实的自己，这又何尝不是一种遗憾呢？

所以，如果可能，不妨狂一点儿、傲一点儿，也许你的人生就会从此展开一幅不一样的精彩画卷！

累吗？——累就对了

现代社会生活节奏快，竞争压力大。戴着小黄帽、红领巾的小学生，每天背着大大的书包风雨无阻地奔走在家和学校之间；即将毕业的大学生奔走在各个招聘现场，争取着自己的未来；很多职场人加班到半夜，第二天还要早早起床去上班……疲惫，常常出现在我们的身体里，或睡眼惺忪，或腰酸背痛，或好静懒动，并且让我们变得心烦气躁。

但是，累也是一种成长的标志。它提醒我们，我们正在努力，正在挑战自己的极限。

秦烨虽然是一家银行的业务经理，但他依然时时感到生活的压力。为此，他从来不敢对工作有一丝懈怠，所以他常常感到疲惫不堪，变得十分心烦气躁，仿佛生活中有一只无形的大手紧紧地掐着他的脖子，让他喘不过气来。

直到遇到一位收废品的老人，他才猛然懂得疲惫没有那么可怕，甚至应该珍惜这份疲惫。

那是一个周末，他想卖掉家里的旧冰箱。于是，给一个收废品的人打了电话。不一会儿，敲门声响起，一位面容苍老的人出现在他眼前。看到老人只身一人，秦烨担心地说："就您一个人吗？冰箱很重，能行吗？"老人笑着说："没事儿，我慢慢搬。"

老人将冰箱一点点地搬到楼梯口，一节台阶一节台阶地往下搬。秦烨看了于心不忍，帮忙一起搬。

在与老人闲聊中，秦烨得知，老人无儿无女，家里只有一个重病的母亲，生活十分辛苦。为了生活，老人什么都做过，卖早点、上工地、做家政、当清洁工……后来，他发现收废品虽然又脏又累，但是挣钱多，而且时间自由，可以照顾母亲。秦烨说："您也不容易，这些活都很辛苦啊！"

老人笑了笑，说："辛苦点儿好啊，辛苦就说明有活干，有钱挣，这多好啊！以后你有废品就给我打电话，我不怕辛苦……"

是啊，生活哪有不辛苦、不累的呢？但仔细想一想，能够拥有辛苦和疲惫的机会，又何尝不是一种幸运呢？那些整天无所事事的人又怎么有机会去感受疲惫?

　　尽管疲惫的感觉并不美妙，但它可以使我们的生活因疲惫而充实，使我们的生命因疲惫而有意义。

不仅如此，疲惫也是我们得以给生命里的嘈杂按下静音键的为数不多的妙法。一个人极度疲惫时，会完全抛却生活里的无谓的烦恼，而只剩下生命最纯粹的需求：吃饭、睡觉。在那一刻，生活变得简单，心灵变得纯粹。

读过一篇名为《卖米》的小短文，文章讲述了作者小时候与母亲到集市卖米的经历。母女俩一早挑着百余斤的米去集市售卖，却因米贩无情压价，只能又艰辛地挑着大米回家。文章的最后一段写道："母亲的话里有许多辛酸和无奈的意思，我听得出来，但不知道怎么安慰她。我自己心里也很难过，有点想哭。我想，别让母亲看见了，要哭就躲到被子里哭去吧。可我实在太累啦，头刚刚挨到枕头就睡着了，睡得又香又甜。"

在生活中，我们可能用了更多的时间去追求金钱与权力，却常常忘了生命最本质的样子。但因为疲惫，我们又忘记了所有，只想回到生活最原始的状态。这难道不是疲惫对我们的馈赠吗？在疲惫中休整下来的那一刻，难道不是最让我们享受的吗？

每个人都有累的时候。有了下班时的一身疲惫，才能安心地享受孩子的一句"您辛苦了"带来的满足；有了工作中的心力交瘁，才能深刻体会到客户一句"你做得很好"的肯定。所以，不要因疲惫而觉得生活乏味无趣，我们要努力在疲惫中充实着，让生命在疲惫中精彩着。

当然，我们也要学会更好地管理自己的生活和工作。懂得在适当的时候放松自己，有效地减轻压力，这样可以提高工作效率，使工作做得更加出色。同时，通过适当休息，我们还能够更好地享受生活，提高生活质量。

英国作家狄更斯曾说:

"一个健全的心态，比一百种智慧更有力量。"

一个人最高级的智慧，

莫过于懂得修炼自己的情绪。

生活里所受的苦，大多是情绪种下的毒。

所以，只有把情绪修炼好，

才能把生活经营好。

第五章

修炼情绪，让人生

渐次丰盈

先与自己和解吧

当我们走过一些路，经过一些事之后，就会明白一个道理：其实，生活从未对我们下过狠手，真正让我们崩溃的不是坏人或坏事，而是我们对自己的刻薄和纠缠。

人这一生总免不了要经历一些不快，也总会有些难以过去的坎儿。但是，生活还要继续，我们依然期待美好，再大的坎儿也要过去。我们如果一味地执迷、怀恨、纠结，去咀嚼那些令人感到刺痛的回忆，无非是一次又一次地将刺扎回去，直至伤口化脓、溃烂。

近些年，"与自己和解"的话题很受关注。的确，与自己和解，是我们一生中最重要的修行。我们大多数的负面情绪其实都是跟自己过不去导致的，等到有那么一天，我们突然想明白了，整个世界都明亮了，那些困扰多日甚至多年的情绪就会一下消失了，我们也能重新找回内心的平静和自信。

十年前，刚刚毕业的阿明成功地进入了一家很有名气的大公司。初入职场，阿明工作认真、勤恳，和许多年轻人一样，他很想在职场中有一番作为。

但令阿明没想到的是，他的上司是个狭隘、爱算计之人。工作中只要阿明做出一点儿成绩，他的上司就赶快将这些成绩据为己有，并拿到公司大会上邀功；若是工作中出了问题，他的上司则立马找个替罪羊，说他叮嘱过下属无数次，但下属还是没做好；等等。

有一次，为了给一个重要客户介绍策划方案，阿明熬了两个通宵制作PPT，只剩一个关键数据需要这位上司亲自填写。阿明将PPT发给上司，并特意跟上司做了沟通。直到客户到来的前一天，阿明还是不放心，又提醒了上司一次，可最后数据还是出错了。

客户非常失望，领导也非常生气，当时就把上司批评了一通。阿明也感到十分可惜，他的PPT毫无瑕疵，就因为上司一个疏忽，使整个项目都搁浅了。然而，更令人没想到的是，上司却把责任全部推到了阿明身上，指责阿明没有按照他的交代认真地查验数据，最终导致阿明被公司辞退。

阿明简直气愤极了，他真想找到上司去当面质问，或者与之大吵一番。但是，他也知道，事情已经无法挽回，他说再多也无济于事了。

一晃十年过去了，阿明自己的公司也已经成立三年了，一个偶然的机会，阿明的公司竟然与他原来工作过的那家公司成了合作伙伴，而项目的对接人恰恰就是那个让他受尽了委屈的上司。有一个了解内情的朋友对他说："这可真是天道好轮回啊！你正好可以借机为难一下他，或是你干脆直接要求换掉对接人，看他能怎么样！"

但是阿明并没有那样做，他只是笑笑，说："有那么两年，还真是咽不下这口气，就想着非要干出个样子来给他瞧瞧，到时候非奚落他几句不可。不过，这么多年了，那件事已经在忙忙碌碌中过去了，自己也有了更多、更重要的事情要做，哪有工夫和那些烂事纠缠啊。我有生气的时间，还不如让公司多挣点钱呢！是不是？而且，放下之后我才发现，比丢掉工作更糟糕的是怀恨在心带来的负面情绪，因为负面情绪会让人什么都做不好，看什么都不对……"

是啊，与其纠缠过去，不如腾空过往，走好当下的每一步，因为你放不下的每一个心结都是你负重前行的一块石头。诚然，生活会时不时地带给我们各种麻烦，无人能够幸免：你希望努力工作，凭自己的能力升职加薪，但也有可能努力后无果；你渴望家庭幸福、生活美满，然而回家后，经常面对的是一地鸡毛。

这就是生活的常态。你如果仔细看看周围的人，就会发现不如意是大部分人的生活状态，而懂得与自己和解，不和生活较劲，才是人生的最优解。

当然，与自己和解并不是一件容易的事情，你需要接受自己的全部，如你过去犯下的错误，身上的缺点，拼命努力后的失败、痛苦，你需要从自我否定和苛责转向学习和成长。而做到这些的前提是，你需要对自己的情绪和痛苦抱以同情之心，将对他人的不满和对过去的纠缠换成对自己的关爱和支持，而不是困在原地指责或惩罚自己。

总之，试着向前看，每天都给自己一个微笑、一个鼓励，努力寻找新的机遇，迎接新的挑战，一切都可以美好如初。

不死磕，才是真的好

你一定见过有些人总是愁眉不展，沮丧而忙乱地为了一个又一个目标而奔波；你也一定见过有些人每天都笑容满面，热情而认真地做着自己的事情。你如果对这两类人都很了解的话，就会知道他们的境况，如经济能力、工作职位、家庭背景等，可能并没有太大的差别。

没错，这只是两种截然不同的情绪和生活态度，但给他人的感觉却大相径庭。前者活得辛苦，连身边人也跟着感到心情不愉快；后者活得通透，令旁人羡慕。所以，我们也会不解：一个人，究竟怎样生活才算好？

百思不得其解

　　人生之路，每个人都在向前奔跑，一路既有风景，也有磨难。风沙来袭，巨石拦路，你需要学着辗转腾挪，学着绕路而行，不被打倒，一路向前直至终点。

　　有人说，生活就是不能知足，就是要拼命得到自己想要的。诚然，与生活死磕，不向命运低头固然令人敬佩，但在前行的路上稍作停顿，适时调整自己的步伐，是智慧的表现。甚至你已经拼得遍体鳞伤，所以换了一条道路，然后坦然地说一句"就这样吧"，也是明智的抉择。

　　生活，原本就是从"死磕"到"转弯"的过程，其间，你也许会感到不适，但比体无完肤又毫无所获要好。

　　听过这样一句话："对于生活，弱者以死相逼，强者权衡利弊。"对此，我深以为然。

面对生活中的挑战，弱者总是担心被人说懦弱而选择抵死不从，以此来彰显自己的坚韧不屈。而真正的强者，则会审时度势，如果发现硬碰硬毫无意义，他们就会选择安全地退出。

一个人真正的强大，不是不顾一切，挺身而斗，而是为其志，能够制怒，能够忍人所不能忍，能够胸有激雷，却面如平湖。

遇到挑战，激发斗志是本能，挺身向前是勇敢，清醒克制是本事，以命相搏则成了愚蠢。识时务，知进退，才是一个人内心强大的体现，才能够让我们以平静之心应对生活中的种种不如意。

很多人觉得，一件事情，如果自己做不到或者坚持不下来就意味着自己无能和软弱。但我们更应该知道，没有人是完美的，也没有人是全能的。即使一个人的能力再强，他也无法辐射到每一个领域或兼顾每一个方面，因此，大胆承认"我做不到"也是一种勇敢。

现代著名作家沈从文被称为"中国乡土文学之父"，其作品在文坛具有极高的地位。但他在二十六岁那年的课堂上，出了一次大糗。

那是他第一次登上讲台，慕名而来的人很多，教室里人满为患。尽管当时的沈从文已经在文坛上颇有名气，但看着台下黑压压的一片，他仍十分紧张。

　　他手足无措地呆立了好几分钟，连一句话都没能说出来。等到他终于鼓起勇气开始讲课，却慌里慌张地仅用了十分钟就把原定一个小时的内容讲完了。

　　坐在下面听课的学生都愣住了，不知道接下来这位文坛大咖会如何应对这一尴尬境地。让大家想不到的是，沈从文并没有东拉西扯地试图掩盖什么，或者为自己找一些理由以维护自己的脸面，而是平静地拿起粉笔在黑板上写道："今天是我第一次上课，人很多，我害怕了。"

　　看完沈从文写的话，学生们不仅没有喝倒彩，反而报以一阵阵善意的掌声。

事要看淡，心要放宽

试想，如果沈从文当时在课堂上拼死也要掩饰自己的害怕，又会怎样呢？他的局促、慌张，他焦急的汗水和强撑的表情全部呈现在他的学生面前，学生们会给予善意的掌声还是嘲讽的笑声呢？恰恰是沈从文没有跟要面子死磕到底，才赢得了学生的尊重。

所以，在该努力的时候努力，在不该死磕的时候收手，才是让我们得以保持情绪稳定，继续前行的最明智的选择。

常思己过，莫论是非

在发生冲突和争执时，我们的情绪往往容易失控，导致自己陷入一种难以自拔的负面情绪的漩涡中，如愤怒、沮丧等。然而，如果我们能在平时有意识地培养强大的情绪管理能力，那么即使在最激烈的争执中，我们也能保持冷静，找到解决问题的途径。

"常思己过，莫论是非。"这不仅仅是古人智慧的结晶，更是现代人情绪管理的一把金钥匙。

"静坐常思自己过，闲谈莫论他人非。"这句话的意思浅显易懂：一个人静坐时应该经常想想自己的过错，与人闲谈时不要谈论别人的是非。

常思己过，是根植于一个人内心的最高级的修养，也是一个人修炼自己情绪的万能法宝。当我们遇到麻烦时，我们第一时间能够想到的是外部的原因还是自身的原因，是决定接下来自己情绪如何的关键。如果你觉得所有问题的责任都在他人，那么你就会心生抱怨，滋长怒气；但如果你想到的是自己哪里还没有做好，就常常可以宽恕一切。

莫论是非，则是一个人内心涵养的体现，也是人际交往中一种明智的选择。人与人之间的相处是一个复杂的过程，其中涉及个人的生活方式和价值取向，我们眼中的"是"也许是他人眼中的"非"，我们认为的"好"也可能成为他人眼中的"坏"。很多事都没有绝对的是非对错，因此我们要尽可能地尊重他人的选择，不过多干涉他人的生活，才能让他人感到自在、舒适，也才能给自己带来更多的安宁。

有句古话是"智者不争，仁者不责，善者不评"，是说智者通常不会与人争执，仁者不会过分地指责和批评他人，善者不会轻易地评判他人。当我们不把目光集中在他人的是非长短之上时，我们就能够更多地关注自己的成长，追求内心的平和，成就高尚的品格和成熟的思想。

在一座寺庙里，有个新来的小和尚，他连续多日都没能睡上一个好觉，为此十分恼火，他觉得这都是因为那个令人讨厌的师兄，脚臭得让人不敢喘气，且师兄总是睡得很晚。

小和尚忍无可忍，跑到师父那里去告状，将师兄的所有陋习全部列举出来，强烈要求师父给予师兄重重的责罚。

听完小和尚的抱怨，师父并没有说什么，只是让小和尚躲到里屋。小和尚不满地嘀咕："师兄这么多毛病，师父却什么都不说！"但他还是按师父说的进了里屋。不一会儿，师兄走了进来。师父让师兄坐下，说道："听说你的脚很臭，甚至让人无法忍受，是吗？"

"是的，师父，我的脚很臭。不过，我正在想办法，我现在每晚都在睡觉前到后山的温泉里泡脚，这样可以去除一些臭味。"师兄坦诚地回答。

"所以，你每天晚上都很晚才睡，就是这个原因了？"师父又问他。

师兄犹豫了一下，然后轻声地对师父说："我睡得晚的原因，这算是一个，但不全是。其实我每次泡完脚回来后都会在屋外坐一会儿，因为新来的小师弟常常梦游，我担心他会有危险，所以就等他梦游的时候跟着他，等他回屋睡下后我再睡。"

里屋的小和尚听到师兄的解释羞愧不已，红着脸走了出来，向师父和师兄都认了错。从此，小和尚不仅再也没有背后议论过师兄，也常常反思自己，提醒自己不要像上次一样，明明是自己梦游导致师兄睡得晚，还把错误推到师兄身上。

将过多的时间和心思放在议论他人的错误上，实则是一种自我放大的行为，以贬低他人来获得自我成就感。正是因为人们总是习惯性地看到他人的过失而无视自己的不足，长此以往就逐渐失去了自省的能力。一个不懂得自省的人，将永远停留在最初的水平。

那些喜欢评判他人的人，现实中常常容易吃到苦头。有时候，你与一群人在背后议论了某人，却不承想转身就被宣扬了出去，且不说你对他人的评价正确与否，单就在背后议论他人的做法就可以成为被他人唾弃的理由了。即使是当面，即便是你以为对他人好的逆耳忠言，也未必会换来对方真心的对待。要懂得"病从口入，祸从口出"，你对他人说三道四，常常是得罪了人，还在自鸣得意。

从上学期间就是好闺蜜的刘宁和李菲，直到工作后也一直保持着密切的联系，两人时常相约一起逛街、游玩。

有一次，刘宁向李菲抱怨自己的男朋友是个"直男"，一点儿也不懂得浪漫。没想到李菲立刻就说："我早就说这个人不适合你，他的家庭条件太差，思想也落后，连哄女孩子开心都不会，还能干什么？你趁早跟他分了吧，不然以后生气的时候多着呢……"

受到安慰

　　刘宁没说话，又跟李菲逛了一会儿就借故回家了。之后，刘宁再也没有主动找过李菲。李菲找刘宁一起逛街时，刘宁也总是以自己有事推脱。直到一年后，李菲从他人口中得知，刘宁早在半年前就结婚了，男方正是那个被她贬得一无是处的人。

　　古人曾如此告诫世人："时时检点自己且不暇，岂有工夫检点他人？"多检讨自己，你会减少对他人的失望，从而减少抱怨和恼怒；少说他人的是非，你会减少很多麻烦，从而让自己的生活多一些宁静。

　　如果我们把人的认知看作一个圆，圆的内侧是你知道的、懂得的，圆的外侧是你不知道的。那么，你会发现，当你知道得越多，圆就会越大，同时你未知的也越多，你就会越发地感到自己的认知，乃至思想很匮乏；相反，当你知道得越少，圆就会越小，你对未知的感知也越有限，反而会觉得自己无所不知。如果你总是喜欢对他人评头论足，感觉自己毫无瑕疵，那可能说明你认知的圆很小。

　　所以，有事儿时要多想想自己的问题，没事儿时别乱说他人的是非，这是修炼情绪的重要一环。不参与无谓的是非讨论，避免情绪的无谓波动，保持内心的平和。

哭着吃过饭的人，能笑着走下去

你是否常常感觉没有食欲？原因是工作太累、生活太苦。比如：很多次你拼尽全力起了个大早，却没能挤上地铁；你熬了一个通宵做的方案，被上司迅速否决……生活中很多的挫败和令人气愤的事都会让我们胃口不佳，有时甚至完全丧失食欲。

但是，你小时候或许有过哭着吃饭的经历吧？那时候无论经历了什么，如考试不及格、被老师批评、因淘气摔疼了膝盖……你难过的情绪本就已经无处安放，再配上家长的唠叨，也许就有了一顿"眼泪拌饭"。

我们强撑着把碗中的饭一口口咽下，不知滋味，但仍然要吃完，因为家长总会说"别哭了，擦擦泪，快吃完"。吃完饭后，走出家门，一切都归于平静，我们依旧精力充沛、活蹦乱跳，依旧和小伙伴玩得不亦乐乎，依旧会在课堂上摇头晃脑地背诵

"鹅，鹅，鹅，曲项向天歌"。

长大后，我们自以为变得足够强大，却常常会因为很多不如意的事而赌气不吃饭，似乎不吃饭是一种抗争，是一种不服输的态度。一顿饭不吃可以，那么两顿、三顿呢？在不吃饭期间，我们的身体会变差，情绪会变差，能力也会变差，一切都不会因为我们不吃饭而变得好起来，反倒失去了小时候那种吃完饭又去玩的洒脱。

我们常说"人是铁，饭是钢，一顿不吃饿得慌"。吃饭不仅是身体的需要，也是对生活的信念。哭着吃过饭的人，在泪水中吞咽生活的苦涩，心中藏着旁人难以窥见的坚韧，始终怀揣着对未来的炽热期待，能坚定地笑着走下去。

小米接到人力资源部门的电话时，她正坐在一家小餐馆里吃饭。那天是周四，是她用加班时间换来的调休，她打算好好地放松几天。然而，人力资源部门打电话告诉她，她被解雇了，让她第二天到公司进行财务结算。

放下电话后，小米的眼泪控制不住地往下掉。进入公司的这一年里，她每天都兢兢业业的，从不敢迟到、早退，因为她是一名前台接待，所以需要格外注意形象，为此她时刻提醒自己保持身材。没想到，自己努力了这么长时间，竟然一个电话就被辞退了。

她哭着哭着，看着眼前自己为了节食而点的一盘蔬菜沙拉，突然对服务员说加菜，她又点了一份红烧肉和一份熘肥肠。服务员看到她满脸泪水，知道她一定是想要用吃饭来发泄一番，又贴心地问她："要不要加点主食？只吃菜会觉得腻或者咸。"一说到主食，小米更难过了，她感觉自己已经很长时间没有吃过主食了，于是又加了一份米饭。

饭菜都上齐了，小米毫无顾忌地大口吃着那些混入了眼泪的肉和饭。吃着吃着，她突然发现许久没吃过的肥肉竟如此美味。她的心情开始变好了一点儿，她擦了擦眼泪，认真吃了起来，一直到吃不动为止。然后，她买了单，叫服务员把剩下的饭菜打了包，计划着晚上热一热，还是一顿可口的晚餐。

她拎着饭盒走在大街上，五月的太阳正明晃晃地挂在天空。

她难过的感觉虽然还在，但是饱腹感加上暖暖的阳光，让她感觉被辞退似乎没有那么悲伤了。

小米相信一切都会好起来的，她摸了摸撑得圆鼓鼓的肚皮笑着对自己说："每天都要好好吃饭，留得青山在，不怕没柴烧。"然后，她回到自己的出租屋，开始认真填写简历……

这世上总会有突如其来又无法补救的麻烦和痛苦，如餐桌上的牛奶被打翻、在地铁里丢失了发卡、亲人离开了我们……面对这些，我们唯一能做的就是好好地走下去，既然我们已经抓不住它们了，至少我们不能把自己再弄丢了。所以，不管怎样都要认真吃饭，这样才有力气与生活周旋。

事实上，饥饿对我们的情绪有着很大的影响。医学研究发现：当人体处于饥饿状态时，血糖水平就会降低，进而触发应激反应相关激素的释放，如压力激素皮质醇，以致打破整个机体的激素平衡，让人感觉压抑、烦闷、暴躁、易怒。

有人调侃说："没有什么烦恼是一顿美食解决不了的，如果有，那就两顿。"这句话虽然很风趣，但反映的道理却很明了。一个人真正的坚强，不是忍住泪水不哭，而是一边哭，一边好好生活。

在一首汉代诗歌《行行重行行》中有这样一句："弃捐勿复道，努力加餐饭。"这句话的大意是说：还有很多心里话就不再多说了，只愿你记得多吃饭，莫受饥寒。

　　我们每个人，能够为自己在乎的人做的最有意义的事，大概就是让他照顾好自己，"努力加餐饭"了。吃是人类得以生存下去的第一要务，一个人只要还能好好吃饭，就意味着他的身体尚且可以支撑，他的心里还抱有希望。

　　所以在人生最难的时刻，在情绪最糟糕的谷底，也请记得即便饱含热泪，也要捧起饭碗。生活里的种种不如意，都会在一碗热汤面、一张葱油饼或一份红丝绒蛋糕中化为无穷的力量。

世界喧闹，做自己就好

东晋诗人陶渊明写过一首诗——《饮酒（其五）》：

结庐在人境，而无车马喧。

问君何能尔？心远地自偏。

采菊东篱下，悠然见南山。

山气日夕佳，飞鸟相与还。

此中有真意，欲辨已忘言。

我们生活在这个世界上，要设法找到自己的价值，因为一个没有价值感的人常常会处于焦虑和不安之中。对于价值感的评判，在历史的每一时期，都有一套属于当时的被公认的标准，多数人便以此为依据，想尽办法让自己符合标准。但陶渊明是个例外。在他生活的时代，衡量一个人价值的标准是权力、地位、名誉，只是陶渊明对此不屑一顾，他讨厌费尽心机地去钻营、去争夺，不喜欢装腔作势、察言观色，于是他毅然从喧闹的俗世中走出来，不在乎他人的眼光与评价，选择了洁身自好、守道固穷的生活，隐居田园，躬耕自资。

我们未必都要像陶渊明一样，去过与世隔绝的生活。但不可否认的是，生活在这个信息爆炸的时代，每个人的心里都渴望一方净土，渴望在这片净土上无拘无束地成为最真实的自己。但同时，我们也知道这并不容易，我们总是难以避免被他人的目光影响。比如：我们穿了一件正式的衣服被说成"做作"，我们努力地工作被说成"爱出风头"，我们好心慰藉对方却被说"虚情假意"，我们生病时请假却被说"矫情"，我们无意中多看了几眼路过的豪车便被说成"虚荣"，我们将喝咖啡的瞬间分享到朋友圈却被说成"显摆"……总之，我们在别人的嘴里彻底变了形。

于是，有些人妥协了，他们渴望在人际交往中塑造出某种固定的形象。为此，他们变得小心翼翼，甚至刻意去给自己打造一些原本并不符合自己真实喜好的"人设"，以期讨得他人的喜欢和认可。

但思想家爱默生说："在一个随时都想把你变成其他模样的世界里，坚持做自己是最伟大的成就。"的确，你永远不可能变成所有人喜欢的模样，而且那些与你没什么关系的人，他们的看

法也一样与你没什么关系，既然如此，你不如先做自己喜欢的那
个人。

安然是一个年轻的女孩，在工作之余，她喜欢在短视频平台
上发一些自己生活的小片段。因为她有着不凡的文笔，所以她的
短视频文案既幽默又有情趣，细细品味，甚至还很有深意。

没过多久，她就拥有了一大批粉丝。粉丝在评论区与她谈论
各种话题，她也总是竭尽所能地回复粉丝，这给她平淡的工作和
生活带来巨大的乐趣和成就感。随着她的影响力越来越大，关注
她的人也越来越多。但正所谓"人红是非多"，渐渐地，她的评
论区里开始出现一些不和谐的声音，最初还只是有人说一些酸溜
溜的话，后来就开始恶意攻击、诽谤她，比如：

"人长得丑也就算了，还非要出来露个脸。"

"怎么那么多酸溜溜的词儿？指不定从哪里抄袭来的呢。"

"不知道每天出来嘚瑟什么，没一点儿正经东西，什么乱
七八糟的都敢发。"

....

总之，各种难听的话不断出现在她的评论区里。有些粉丝看
不过去，便与对方争吵起来；有些人跟着起哄；有些人则因为误
会而对她不屑一顾，纷纷"脱粉"。一些老粉丝也开始劝安然，
建议她停更一段时间，或者改变一下风格，等等。

但是，安然并没有被这些是是非非干扰，也没有被那些"黑粉"带来的负面情绪打倒，她说："我发短视频是为了记录我的生活，不是为了取悦任何人。我的粉丝群，你来时我欢迎，你走时我不留。我只要做好自己就好。至于其他人的想法，与我无关，我也不会在乎。因为，做好自己比迎合任何人的期待都更重要。"

每个人都有自己的独特之处，都有值得称赞的地方。我们的每一个小小的特点和想法都需要我们自己用心守护，不要受到他人的影响。因为，由此而产生的情绪只能由我们自己消化，我们的难过和愤怒没有人能够感同身受，也无法替我们排解，我们终究要靠自己来调节。

所以，你好与不好，你是否有价值，并不在于别人怎么看，而在于你对自己的认知和尊重。行走在纷繁复杂的人生道路上，每个人都有自己的不易和苦衷，但不管怎样，我们都要记住以下两点。

第一，我们仅拥有一生，不要为他人而活。人生短暂，我们要努力活成自己想要的样子。我们这一生，走的每一步路，做的每一件事，都应该是为了成就更好的自己，而不是成为他人眼中最好的自己。

第二，不管他人怎么看，做自己就好。你有没有想过：为什么总有人喜欢对你指手画脚？为什么总有人说你不好看、不够聪明？这些人未必是真的关心你的感受，他们大多不过是借此满足自己的虚荣心或发泄自身情绪罢了。

抛开那些心怀恶意的中伤或诽谤不谈，每个人的认知水平不同，看待事物的角度和深度就会不同，所以他人说的好未必是真的对我们好，相信自己才是最重要的。

总之，每个人都有自己的人生，心无旁骛地去做自己想做的事情，是我们生活中必不可少的一部分。他人的言语、看法、期待都不是我们生命里最重要、最珍贵的部分，我们不应该被外界的声音左右，自己内心的感受和情绪才是最重要的。

爱自己，是缓解一切不良情绪的法宝

关于一个人情绪崩溃，我们可以瞬间罗列出很多画面：一个人在陌生的城市里生病，不得不半夜起来独自去就医；眼看着下个月的房贷还没有着落，而在深夜里嘶吼；陪客户喝酒吐到不省人事，却最终没有拿下订单；一整天都诸事不顺，回家躺在床上想大哭一场，却因担心惊扰他人而只能蒙在被子里呜咽……

当你想要找人诉说的时候，他人往往会给出这样的劝告："你得先学会爱自己，不然你倒下了就什么也解决不了了。"我们常常将这句不疼不痒的话当作一句敷衍，但它是有助益的，也是最能缓解我们不良情绪的方法。

曾有人在网络上发起了一则提问："当你感觉心灵疲惫不堪，快要撑不下去的时候，是怎样调节自己的情绪，继续战斗的？"评论区里最多的答案就是"好好爱自己"。好好爱自己，就是要我们把那些我们曾经一心向往、拼命想抓住的东西放一放，让自己变得重要起来。我们需要知道，一个人和他想要得到的事物之间总是存在着某种微妙的关系。有些事物，你一心追求却可能求而不得；而有些事物，你毫不在意却可能意外得到。所以，真正成熟的人往往不再急于寻找和追赶，而是努力使自己的内心变得丰盈，让心灵不再匮乏。他们可以本自具足，自得其乐，即便面对困难和麻烦，也不忘先让自己好起来。

高光是一家三甲医院里的护士，他工作勤恳，遇到一些需要出力气的活，他总是抢着干。医院里的护士有什么事都爱找他帮忙。

久而久之，他的乐于助人却成了个别护士偷懒的借口。尤其是在他上一班次的护士，值班时大多数时间都在发呆或者玩手机，那些本应该由她们完成的工作差不多都原封不动地留给高光，好像这些工作原本就是高光的一样。

一开始，高光并没有说什么，只是心里有些郁闷，但几次之后，高光觉得不能一直这样下去，他自己的时间也十分宝贵，本该由他人完成的工作没有理由成为他的负担。于是，他特意跟与他交接班的护士提了几次，说："以后你们自己的任务在交班前都自己完成，别每次都留给我了啊！我还要准备我的主管护师考试呢。"

　　然而，那些已经习惯偷懒的护士并没有收敛多少。这令高光更加恼怒，他真想和这些人大吵一架，但他转念一想："不，大吵一架只能让我更加愤怒，那样我就更没有心思学习了。"

　　某一天，高光在接班时正好碰到科室主任经过，他立刻大声对上一班次的护士说："小刘，你的资料还没整理完吗？没事儿，别着急，我和你一起整理，这样就快了，估计大约一个小时咱俩就能整理完。"

　　主任看了小刘一眼，没有说话，但那之后再没有护士将自己的工作留给高光来做了。后来，由于高光工作表现突出，被提拔为小组的组长。在他的带领下，整个组的工作效率都得到了显著的提高，他所在的组年底受到了医院的表彰，大家之间的关系反而比之前更和谐了。

　　这个故事刚好验证了一个道理："在关系中，谁痛谁改变。"而每一次改变的尝试，都是爱自己的开始。就像案例中的高光，因为被同事刺痛，所以他决心不去在乎别人对自己的看法，他要给自己多争取时间来实现他的梦想。

　　我们只有真正地学会好好爱自己，才能拥有爱他人和接受他人的爱的能力。当我们能够更好地爱他人时，我们也一定能得到他人的尊重，那些负面情绪自然不会滋生，取而代之的就是生命中的美好。

　　不过，如果有一天我们真的陷入了焦虑、困惑、痛苦、悲伤、恼怒等负面情绪中，我们可能会变得不知所措，更不知道该如何先爱自己。其实，爱自己很简单，就是抛开一切，告诉自己"这一刻，我最重要"。当然，这不是毫不顾及他人感受的自私行为，而是对自己的全面接受，找到自己内心深处的真实感受，不逃避、不隐瞒，勇敢地理解和接受当下的自己，即便那个自己并不完美。

　　爱自己，不只是一句口号、一种感受，更是一种行动。不管经历了什么、付出过什么，都一定要清楚地知道，我们最该取悦的是我们自己。爱自己，并为了自己努力去改变些什么，这意味着我们既要为自己的健康、幸福和成功而努力工作，又要敢于面对矛盾，并且积极地解决矛盾。

　　没有行动的爱都是空谈，爱他人如此，爱自己也是。所以，努力行动起来，在所有问题面前，先爱自己，先让自己好起来，才是缓解一切不良情绪的法宝。